Strömungserscheinungen in Ventilen.

Von Dr.-Ing. Bruno Eck[1]).

Über Strömungen in Ventilen liegt ein reiches Versuchsmaterial vor, das hauptsächlich den Zweck verfolgt, die Energieverluste, die ein strömendes Medium beim Durchtritt durch ein Ventil erleidet, zu bestimmen. Man vermißt bei diesen Versuchen eine Klarstellung des individuellen Charakters der Strömung, die bei Betrachtung von vielen Fragen, z. B. der Stabilität, dringend erforderlich ist. Erst in letzter Zeit wurden von Schrenk[2]) in Darmstadt in dieser Hinsicht wertvolle Versuche durchgeführt, bei denen die Strömung durch den Ventilspalt nach bekannten Methoden sichtbar gemacht und photographiert wurden. Hierbei zeigte es sich, daß bei einfachen Ebensitzventilen zwei Strömungszustände möglich sind. Für kleine Hubhöhen liegt die Strömung an der horizontalen Wand an, biegt also um 90° um, während beim weiteren Anheben die Strömung plötzlich abreißt und einen freien Strahl bildet, dessen Ablenkungswinkel mit größerem Hub immer kleiner wird. Beim Schließen des Ventiles tritt bei ungefähr derselben Hubhöhe das Umschnappen in die erste Strömungsform wieder auf.

Namentlich die Stabilitätsfrage bedarf einer eingehenden Klärung im Hinblick auf derartige Erscheinungen in der Praxis. Bekannt sind z. B. die Schwingungserscheinungen beim Anheben der Ventile, die man auch aus dem unregelmäßigen Verlauf der Ventilerhebungskurve, z. B. aus den Versuchen von Berg[3]), deutlich erkennen kann. Des weiteren sei auf das sog. Clement-Thenardsche Phänomen[4]) hingewiesen. Eine Platte, die man in einen Wasserstrahl senkrecht zur Strömungsrichtung hält und allmählich der Austrittsöffnung nähert, wird in einer bestimmten Entfernung plötzlich nicht mehr abgestoßen, sondern heftig angezogen. (Bei einiger Geschicklichkeit läßt sich dieses Experiment mit einem Geldstück an einer Wasserleitung ausführen.) Der stark ausgeprägte Instabilitätsbereich für sehr kleine Hubhöhen wird praktisch nutzbar gemacht, um dünne Platten in Schwingungen zu versetzen. Hierdurch läßt sich unter Wasser Schall erzeugen und viele Unterwasserschallapparate beruhen auf diesem Prinzip, wie z. B. die Oszillatorsirenen, die sowohl mit Platten wie mit Membranen gebaut werden[5]). Bei Ventilen[6]) scheinen indes auch noch andere Gesichtspunkte eine Rolle zu spielen, auf die in dieser Arbeit hingewiesen werden soll[7]).

Im folgenden soll gezeigt werden, daß sich unter gewissen Vernachlässigungen diese Strömungen nach den Methoden der exakten Hydrodynamik behandeln lassen und daß für den vorliegenden Fall des Ebensitzventils alle sich ergebenden hydrodynamischen Fragen beantwortet werden können.

---

[1]) Ein Auszug der vorliegenden Arbeit ist erschienen in Z. ang Math. Mech. Bd. 4, S. 404—474. 1924.
[2]) Schrenk: Versuche über Strömungsarten, Ventilwiderstand und Ventilbelastung. Dissertation, Darmstadt 1922 od. Forschungsarbeiten des V. D. I., Heft 272.
[3]) Berg, H.: Die Wirkungsweise federbelasteter Ringventile. Z.V.d.I. Bd. 48, S. 1093, 1134, 1183. 1904.
[4]) Untersuchungen hierüber hat ausgeführt: E. Straube: Radialströmung zwischen 2 Platten. Z. ges. Turb.-Wesen. Bd. 14, S. 101 ff. 1917.
[5]) Aigner, F.: Handbuch der Unterwasserschalltechnik. Berlin: M. Krayn 1922.
[6]) Siehe auch W. Hort: Entstehung von Schwingungen durch nichtperiodische Kräfte bei Pumpenventilen und Oszillatorsirenen. Z. techn. Phys Bd. 5, Nr. 9. 1924.
[7]) Eingehende Versuche zur Klärung auch dieser Fragen sind augenblicklich im aerodynamischen Institut im Gange, über die demnächst in den Abh berichtet werden soll.

Um die Strömung zu idealisieren und der Rechnung zugänglich zu machen, werden folgende Vernachlässigungen gemacht:
1. Das ganze Problem wird zweidimensional behandelt.
2. Der Einfluß der Reibung wird vernachlässigt.
3. Es wird angenommen, daß die Flüssigkeit nach Verlassen des Ventilspaltes einen freien Strahl bildet, der sich bis ins Unendliche erstreckt unter einem Winkel α, ungeachtet dessen, daß der Raum über dem Ventilteller meist mit dem betreffenden Medium noch angefüllt ist, und daß die festen Wände der Ausbildung der Strahlen sehr schnell eine Grenze setzen.
4. Der Einfluß der Erdschwere wird vernachlässigt.

Zur Lösung zweidimensionaler Aufgaben dieser Art benutzt man mit Vorteil die von Kirchhoff und Helmholtz herrührende Theorie der Diskontinuitätsflächen. Diese verzichtet auf die Stetigkeit der Geschwindigkeit in den Punkten, wo sonst die gewöhnliche Theorie eine sehr große Geschwindigkeit verlangen würde, nämlich in der Nähe der scharfen Kanten des Körpers. Die sehr große Geschwindigkeit würde der Bernouillischen Gleichung gemäß einen sehr großen negativen Druck an dieser Stelle erfordern, was wohl physikalisch für die gewöhnlichen Flüssigkeiten nicht annehmbar ist. Um dann eine solche Lösung mit der Wirklichkeit zu vergleichen, kann man sich etwa denken, daß derartige Punkte durch einen kleinen Kreis von der Strömung ausgeschlossen sind, oder daß eine etwa vorhandene kleine Abrundung zwar sehr große, aber keine unendlich großen Geschwindigkeiten bedingen würde. Kirchhoff gab die mathematischen Methoden an, um diesen Gedanken auf ähnliche spezielle Fälle bequem zu übertragen, indem er die Funktionentheorie eines komplexen Argumentes heranzog. Seine Methoden bestehen hauptsächlich darin, die konforme Abbildung des Hodographen auf die Geschwindigkeitspotential-Ebene zu finden, was stets gelingt, wenn die starren Wände eben sind.

Lösungen für ähnliche hydrodynamische Probleme liegen bereits vor. So behandelt Vâlcowici[1]) hauptsächlich die funktionentheoretische Seite des Problems, ohne indes einen Weg zur numerischen Berechnung anzugeben. Ferner sei auf Sir G. Greenhill[2]), R. v. Mises[3]) und Levi-Civita[4]) hingewiesen.

1. Beidseitig freier Strahl.

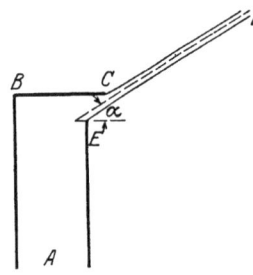

Abb. 1. Beidseitig freier Strahl.

Es soll zunächst der einfache Fall eines freien Strahles behandelt werden. Wir denken uns durch das Ventil einen Mittelschnitt gelegt und betrachten aus Symmetriegründen nur die in Abb. 1 bezeichnete Hälfte. Die Strömung soll aus dem Unendlichen A kommen, bei C und E abreißen und einen freien Strahl bilden, der sich bis D ins Unendliche unter dem Winkel α erstreckt. Wir nehmen an, daß außerhalb des freien Strahles der konstante Druck p_0 herrscht. Bei stationärer Strömung — und nur diese werde hier behandelt — gilt die Bernouillische Gleichung $\frac{w^2}{2g} + \frac{p}{\gamma} = \text{const}$; hieraus folgt für die freie Oberfläche:

---
[1]) Vâlcovici: Über diskontinuierliche Flüssigkeitsbewegungen mit zwei freien Strahlen. Dissertation, Göttingen 1913.
[2]) Es sei hier hingewiesen auf die reichhaltigen Ausführungen von Sir G. Greenhill (Advisory Committe for Aeronautics Nr. 19, Jahrg. 1910: Theory of a stream line past a plane karrier and of the discontinuity aristig at the edge), der eine ziemlich vollständige Zusammenstellung über alle auf diesem Gebiete vorkommenden Strömungen gibt und ihre schematische Behandlung andeutet.
[3]) Früher hat R. v. Mises (Z. V. d. I. 1917, S. 447 ff.), Berechnung von Ausfall und Überfallzahlen, sich eingehend mit dieser Frage befaßt und namentlich für die hier behandelte Strömungsform die Ausflußzahlen berechnet.
[4]) Levi-Civita: Scie e leggi di Resistenza. Rend. Circ. Mat. di Palermo, P. XXIII. Siehe auch Cirotti: Venefluenti. Circ. Mat., P. XXV, 1918.

Abhandlungen aus dem Aerodynamischen Institut
an der Technischen Hochschule Aachen

Herausgegeben von Professor Dr. Th. v. Kármán

Heft 4

Dr.-Ing. Bruno Eck
Strömungserscheinungen in Ventilen
Mit 35 Abbildungen im Text

Professor Dr. Th. v. Kármán
Gastheoretische Deutung der Reynoldsschen Kennzahl

Professor Dr. Th. v. Kármán
Über die Stabilität der Laminarströmung und die Theorie der Turbulenz
Mit 4 Abbildungen im Text

Dr.-Ing. Bruno Eck und Dipl.-Ing. Erich Kayser
Über einige Anwendungen nomographischer Methoden in der Thermodynamik
Mit 7 Abbildungen im Text

Springer-Verlag Berlin Heidelberg GmbH
1925

Inhaltsverzeichnis.

Seite

Strömungserscheinungen in Ventilen. Von Dr.-Ing. Bruno Eck ... 3

Gastheoretische Deutung der Reynoldsschen Kennzahl. Von Professor Dr. Th. v. Kármán 25

Über die Stabilität der Laminarströmung und die Theorie der Turbulenz. Von Professor Dr. Th. v. Kármán 27

Über einige Anwendungen nomographischer Methoden in der Thermodynamik. Von Dr.-Ing. Bruno Eck und Dipl.-Ing. Erich Kayser 41

ISBN 978-3-662-28215-1   ISBN 978-3-662-29729-2 (eBook)
DOI 10.1007/978-3-662-29729-2

Alle Rechte, insbesondere das der Übersetzung
in fremde Sprachen, vorbehalten.

$\dfrac{w'^2}{2g} = \text{const} - \dfrac{p_0}{\gamma}$, so daß dort also die Geschwindigkeit einen konstanten Wert hat. Wenn wir diese Geschwindigkeit $= 1$ setzen, so bedeutet dieses keine Spezialisierung, sondern eine Vereinfachung der Rechnung, die wieder ausgeglichen werden kann durch passende Verfügung über die Maßeinheiten. Von C angefangen über $D = \infty$ nach E haben wir also auf dem Strahl die konstante Geschwindigkeit 1; von B nach C wächst die Geschwindigkeit von 0 bis zum Wert 1.

Sind u und v die Geschwindigkeitskomponenten in der x- und y-Richtung, so folgt aus der Kontinuitätsgleichung die Existenz einer Stromfunktion ψ und aus der Annahme der Wirbellosigkeit die Existenz einer Funktion φ, die mit u und v durch die Gleichung verknüpft sind:

$$u = \dfrac{\partial \varphi}{\partial x} = \dfrac{\partial \psi}{\partial y}; \qquad v = \dfrac{\partial \varphi}{\partial y} = -\dfrac{\partial \psi}{\partial x}.$$

Aus diesen Gleichungen sieht man, daß die Kurven $\psi = \text{const}$ und $\varphi = \text{const}$ eine Schar orthogonaler Trajektorien bilden, so daß man $\varphi + i\psi = \chi$ als eine Funktion eines komplexen Argumentes $x + iy$ auffassen kann; ferner folgt: $\dfrac{d\chi}{dz} = u - iv = w$, welcher Wert bekanntlich die Geschwindigkeit angibt, deren Richtung an der x-Achse gespiegelt ist.

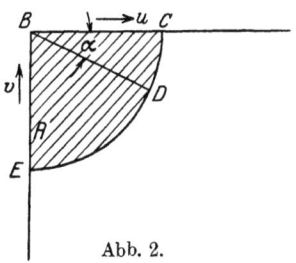

Abb. 2.

Da w für die Berandung der Strömung teils der absoluten Größe, teils der Richtung nach bekannt ist, können wir die Begrenzung der w-Ebene angeben (Abb. 2). In B ist $w = 0$, in C beginnt die freie Oberfläche, d. h. $|w| = 1$, so daß die Berandung der freien Oberfläche auf dem Einheitskreis liegen muß und den Viertelkreis von C bis E beschreibt; von E bis A ist $u = 0$ und v fällt von 1 bis zu einem gewissen Werte $\varkappa$ im Punkte A, von dem wir vorläufig annehmen, daß er kleiner als 1 ist; von A bis B ist $u = 0$, so daß die ganze Strömung in der w-Ebene durch einen Viertelkreis abgebildet wird.

Der Zusammenhang zwischen $\chi = \varphi + i\psi$ und $w = u - iv$ geht aus der Gleichung $\dfrac{d\chi}{dz} = w$ hervor. Dieses ist eine komplexe Differentialgleichung, deren Lösung für unser Problem ausschlaggebend ist. Wir suchen in unserer Aufgabe $\chi = f(z)$ und bedienen uns zur Aufsuchung dieser Beziehung der Differentialgleichung, indem wir zuerst $\chi = g(w)$ ermitteln und dann z durch eine Integration finden: $z = \int \dfrac{d\chi}{w}$. Von der Funktion χ ist nämlich ähnliches bekannt, wie von w, da, wie wie wir unten sehen werden, auch diese Berandung angegeben werden kann. Um genauere Kenntnis zu bekommen über die Werte von w und χ im Innern des Gebietes und am Rande derselben, muß der Zusammenhang $\chi = g(w)$ bekannt sein. Bei komplexen Funktionen kann dieser Zusammenhang durch konforme Abbildung gewonnen werden.

Betreffs des geometrischen Zusammenhangs der χ-, z- und w-Ebene sei noch bemerkt, daß eine beliebige Richtung eines durch z_0 gehenden Linienelementes durch die Transformation $\chi = f(z)$ eine Drehung erfährt um den Winkel $\arg\left(\dfrac{d\chi}{dz}\right) = \varphi$, der in der w-Ebene durch die Richtung des Fahrstrahles nach w_0 festgelegt ist, entsprechend dem Grundsatze der konformen Abbildung, daß $\dfrac{d\chi}{dz}$ für einen nicht singulären Punkt eine Invariante ist.

Es ist also jene Abbildung zu suchen, die die w-Ebene derart auf die χ-Ebene abbildet, daß entsprechende Punkte zusammenfallen, d. h. daß Berandung wieder Berandung wird usw. Die hierbei auftretenden Konstanten werden dann dadurch bestimmt, daß die Lage einiger Punkte auf dem Rande genau bekannt ist.

Man überzeugt sich leicht, daß nur zwei physikalische Konstanten vorhanden sind:

a) Das Verhältnis der Geschwindigkeiten in A und $D = \dfrac{\varkappa}{1} = \varkappa$.

b) Der Winkel α, den der Strahl im Unendlichen mit der x-Achse bildet.

Geometrisch ist aber das vorliegende Ventil (Abb. 1) durch drei Größen festgelegt: nämlich die Breite b des Kanals, die Tellerbreite $BC = r$ und die Hubhöhe h. Da die Lösung, wie eben angedeutet, nur zwei Parameter α und $\varkappa$ haben kann, kommt es also nur auf die Verhältnisse $n = \dfrac{h}{b}$ und die Überdeckung $m = \dfrac{r}{b} - 1$ an.

Für die weitere Rechnung ist es bequemer, mit log nat w anstatt mit w zu arbeiten, eine Vereinfachung, die auch bei den später behandelten Fällen angewandt wird. Durch $\omega = \ln w$ wird der Viertelskreis auf einem abgeschnittenen Streifen abgebildet (Abb. 3).

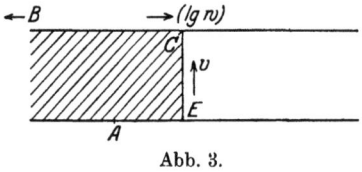

Abb. 3.

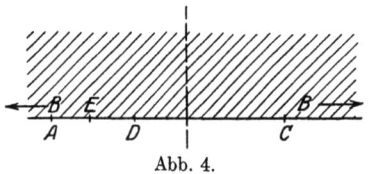

Abb. 4.

Der weitere Verlauf der Rechnung ist nun folgender: Der Streifen $BCEAB$ wird auf eine Halbebene abgebildet, so daß die Grenze in die reelle Achse fällt. Dasselbe geschieht mit der Potentialebene χ. Diese beiden Halbebenen bringt man dann so zur Deckung, daß zusammengehörige Punkte zusammenfallen, eine Operation, durch die die Funktion $\chi = g(w)$ gewonnen wird.

Die Abbildung von $BCEA$ auf die Halbebene (Abb. 4) geschieht durch das Christoffelsche Integral:

$$w' = w + i\frac{\pi}{4} = C' \int \frac{dz'}{\sqrt{z'^2 - \zeta_0^2}} + B',$$

eine Aussage, von der man sich leicht überzeugt, wenn man bedenkt, daß

$$\arg \frac{dw'}{dz'} = \frac{1}{(z' + \zeta_0)^{1/2}(z' + \zeta_0)^{1/2}}$$

in den Punkten $\pm \zeta_0$ um $\dfrac{\pi}{2}$ wächst. Nach Bestimmung der Konstanten ergibt sich:

$$z' = \zeta_0 \,{}^1/_2 \frac{w^4 + 1}{w^2},$$

Abbildung des Potentiales auf die Halbebene.

Die Randlinien $ABCD$ und AED bilden je eine Stromlinie, zwischen welchen die ganze Strömung liegt. Das Potential bildet sich also auf einem Streifen von der Breite $\psi_B - \psi_E$

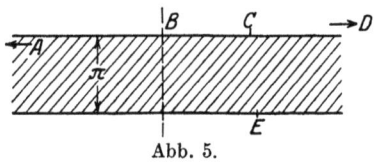

Abb. 5.

ab (Abb. 5). Diese Differenz ist gleichzeitig die durchströmende Flüssigkeitsmenge. Um einen bestimmten Fall vor Augen zu haben, setzen wir $\psi_B - \psi_E = \pi$. Durch $z = e^{\varphi + i\psi}$ wird dieser Streifen auf die Halbebene abgebildet, so daß $z = B$ nach -1, A nach Null kommt und D im Unendlichen bleibt.

Stellen wir jetzt durch eine lineare Transformation einen Zusammenhang zwischen den beiden Halbebenen so her, daß zusammengehörige Punkte zusammenfallen, so ist die Funktion $\chi = f(w)$ gewonnen. In dem Ansatz $z = \dfrac{z' + a}{z' \cdot b + c}$ bestimmen wir die Konstanten a, b, c so, daß $z' = B$ nach $\pm \infty$ und $z' = A = -\zeta_0 \,{}^1/_2 \left(\varkappa^2 + \dfrac{1}{\varkappa^2}\right)$ nach $z = 0$, und erhalten so:

$$z = \frac{z' + \zeta_0 \, {}^1\!/_2 \frac{\varkappa^4 + 1}{\varkappa^2}}{-z' + c},$$

oder mit den Einsetzungen $\lambda = \frac{\varkappa^4 + 1}{\varkappa^2}$ und $-2\frac{c}{\zeta_0} = \mu$

$$z = -\frac{w^4 + \lambda w^2 + 1}{w^4 + \mu w^2 + 1} \quad \text{oder da} \quad z = e^{\varphi + i\psi} : \psi + i\psi = \ln\frac{w^4 + \lambda w^2 + 1}{w^4 + \mu w^2 + 1} \quad (1)$$

Die Bedeutung von μ geht aus der Tatsache hervor, daß die Punkte $\varphi + i\psi = \pm\infty$ bekannte Werte der Geschwindigkeit haben müssen. Man findet mit dieser Berücksichtigung $\mu = -2\cos 2\alpha$, wo α der Winkel ist, den der Strahl im Unendlichen mit der x-Achse bildet.

Durch Gl. (1) ist der Zusammenhang zwischen w und χ festgestellt. Aus $\frac{d\chi}{dz} = w$ folgt $dz = \frac{d\chi}{w}$ und $z = \int \frac{d\chi}{dw}\frac{dw}{w}$, indem die Elimination von $d\chi$ formale Vereinfachungen bringt, da ja $\frac{d\chi}{dw}$ bekannt ist.

$$z = \int_{w_1}^{w_2} \frac{4w^2 + 2\lambda}{w^4 + \lambda w^2 + 1} dw - \int_{w_1}^{w_2} \frac{4w^2 + 2\mu}{w^4 + \mu w^2 + 1} \quad \ldots \ldots (2)$$

Als Integrations-Grenzen kommen in Frage für r und h Null und Eins.

Es ergibt sich durch Partialbruchzerlegungen:

$$r = 2\frac{\varkappa^2 - 1}{\varkappa}\arctan\varkappa + \frac{\pi}{\varkappa} + \cos\alpha \lg\frac{1 + \cos\alpha}{1 - \cos\alpha} - \pi\sin\alpha,$$

$$h = i\frac{\varkappa^2 + 1}{\varkappa}\lg\frac{1 + \varkappa}{1 - \varkappa} + \frac{\pi}{\varkappa} + i\pi\cos\alpha - i\sin\alpha \lg\frac{1 + \sin\alpha}{1 - \sin\alpha}.$$

Für die Verhältnisse $m = \frac{r}{b} - 1$ und $n = \frac{h}{b}$ erhält man, indem man von $h_0 = b + ih$ nur den interessierenden Bestandteil h berücksichtigt:

$$m = -2\frac{1 - \varkappa^2}{\pi}\arctan\varkappa + \varkappa\left\{\frac{\cos\alpha}{\pi}\lg\frac{1 + \cos\alpha}{1 - \cos\alpha} - \sin\alpha\right\} \quad \ldots (3)$$

$$n = \frac{1 + \varkappa^2}{\pi}\lg\frac{1 + \varkappa}{1 - \varkappa} + \varkappa\left\{\cos\alpha - \frac{\sin\alpha}{\pi}\lg\frac{1 + \sin\alpha}{1 - \sin\alpha}\right\} \quad \ldots (4)$$

$$m = -f_1(\varkappa) + \varkappa \cdot g_1(\alpha) \quad \ldots \ldots (3\,\text{a})$$

$$n = f_2(\varkappa) + \varkappa \cdot g_2(\alpha) \quad \ldots \ldots (4\,\text{a})$$

Folgende Funktionen wurden hierbei zusammengefaßt:

$$f_1(\varkappa) = \frac{2(1 - \varkappa^2)}{\pi}\arctan\varkappa; \qquad g_1(\alpha) = \frac{\cos\alpha}{\pi}\lg\frac{1 + \cos\alpha}{1 - \cos\alpha} - \sin\alpha$$

$$f_2(\varkappa) = \frac{1 + \varkappa^2}{\pi}\lg\frac{1 + \varkappa}{1 - \varkappa}; \qquad g_2(\alpha) = \cos\alpha - \frac{\sin\alpha}{\pi}\lg\frac{1 + \sin\alpha}{1 - \sin\alpha}.$$

Die Gleichungen (3) und (4) stellen nun die Lösung der 1. Aufgabe dar. Sie gelten immer nur zusammen, so daß man hier ein Gleichungssystem von drei Unbekannten vor sich hat. Ist z. B. eine Überdeckung m vorgeschrieben, so hat man m in (3) einzusetzen. dann je einen Wert $\varkappa$ und α zu bestimmen, der (3) genügt, diese dann in (4) einzusetzen, woraus man dann die Hubhöhe n erhält. Dies ist für alle Wertepaare $\varkappa, \alpha$ durchzuführen, die Gl. (3) befriedigen.

Dieses auszurechnen, wäre sehr mühsam und die Ermittlung der Abhängigkeiten bei beliebiger Variation von m und n rechnerisch sehr erschwert. Es war deshalb sehr von Vorteil, daß die Gl. (3) und (4) durch ein besonderes graphisches Verfahren, eine sog. Nomographie, der weiteren Auswertung zugängig gemacht werden konnten, ein Verfahren, das gestattet, mit wenig Mühe zu jedem Wert von m alle zugehörigen $\varkappa, \alpha$ und n ablesen zu können.

Die besondere Gestalt von (3a) und (4a) führt nämlich auf analytische Gebilde, deren Konstruktion verhältnismäßig einfach ist. Schreibt man die Gleichung einer geraden Linie in der Form: $\dfrac{x}{a} + \dfrac{y}{b} = 1$ (Abb. 6), so bedeutet a den Abschnitt der Geraden auf der x-Achse und b den Abschnitt auf der y-Achse. Wählt man x, y so, daß die Gleichung erfüllt wird, so erhält man alle Punkte der Geraden. Hält man aber einen bestimmten Punkt x_0, y_0 fest $\left(\dfrac{x_0}{a} + \dfrac{y_0}{b} = 1\right)$ und verändert $\dfrac{1}{a}$ und $\dfrac{1}{b}$, doch so, daß die Gleichung noch immer erfüllt bleibt, so bekommt man bekanntlich alle geraden Linien durch den Punkt x_0, y_0 (Linienkoordinaten). Wählt man z. B. ein b', so ergibt sich das zugehörige a' dadurch, daß man eine Linie durch b' und $x_0 y_0$ legt, und den Abschnitt auf der x-Achse abliest.

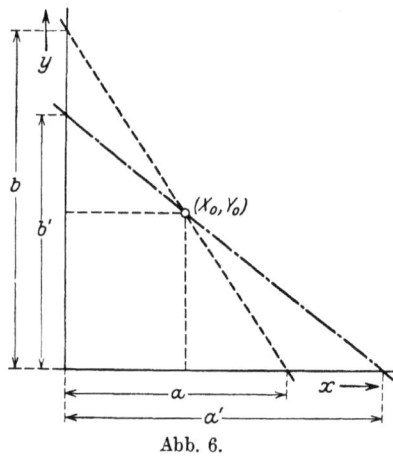

Abb. 6.

Um diesen Gedanken auf unser Gleichungssystem übertragen zu können, schreiben wir Gl. (3) in der Form:

$$-\frac{m}{f_1(\varkappa)} + \frac{\varkappa \cdot g_1(\alpha)}{f_1(\varkappa)} = 1.$$

Dieses denken wir uns als die Gleichung eines Punktes, indem wir setzen:

$$-m = \frac{1}{a}; \qquad g_1(\alpha) = \frac{1}{b};$$

$$\frac{1}{f_1(\varkappa)} = x_0; \qquad \frac{\varkappa}{f_1(\varkappa)} = y_0.$$

Einem Wert von $\varkappa$ entspricht dann ein Wert $x_0 y_0$. Die Werte von m werden auf der x-Achse aufgetragen und zwar reziprok, da $a = -\dfrac{1}{m}$; die Winkel α bestimmen auf der y-Achse eine Skala, indem man dort für $b = \dfrac{1}{g_1(\alpha)}$ hat und nur die uns interessierenden Werte α einträgt. Will man zu einem bestimmten Wert von $\varkappa$ die zugehörigen Werte von m und α erhalten, so legt man eine gerade Linie durch $x_0 y_0$ und bekommt m und α durch Drehen derselben um $x_0 y_0$. Um alle Punkte $x_0 y_0$ zu erhalten, hat man für alle $\varkappa : x = \dfrac{1}{f_1(\varkappa)}$ und $y = \dfrac{\varkappa}{f_1(\varkappa)}$ aufzutragen (Abb. 7). Dies ist aber, wie leicht einzusehen ist, die Parameterdarstellung einer Kurve, deren Gleichung auch explizite hingeschrieben werden kann; setzt man $\dfrac{y}{x} = \varkappa$ in y ein, so erhält man:

$$x = \frac{1}{f_1\left(\dfrac{y}{x}\right)}; \qquad x \cdot f_1\left(\frac{y}{x}\right) = 1.$$

Diese Kurve läßt sich Punkt für Punkt berechnen, da $f_1(\varkappa)$ bekannt ist. Schreibt man dann an jeden Punkt dieser Kurve den zugehörigen Wert von $\varkappa$, so erhält man eine $\varkappa$-Skala, die im Verein mit den auf der x- und y-Achse befindlichen Skalen die Auswertung einer derartig gebauten Gleichung in vollem Umfang ermöglicht.

Im vorliegenden Falle mußte noch eine kleine Änderung angebracht werden. Die Funktionen $\frac{1}{f_1(\varkappa)}$; $\frac{\varkappa}{f_1(\varkappa)}$; $\frac{1}{m}$; $\frac{1}{g_1(\alpha)}$; $\frac{1}{f_2(\varkappa)}$; $\frac{\varkappa}{f_2(\varkappa)}$ werden nämlich an den Nullstellen des Nenners unendlich. Die Skalen würden sich also sehr in die Länge ziehen und die graphische Aufzeichnung erschweren. Um dieses zu vermeiden, wurde Gl. (3a) wie folgt umgeschrieben:

$$m + 2 = -\{f_1(\varkappa) - 2\} - \varkappa + \{g_1(\alpha) + 1\}\varkappa.$$

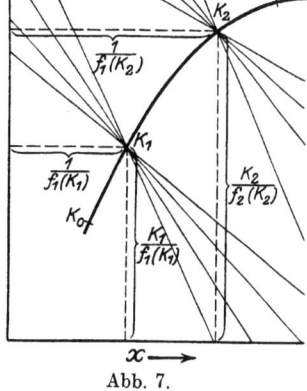

Abb. 7.

$g_1(\alpha) + 1$ ist nur bei $90° = 0$, was jedoch ohne Bedeutung ist, da größere Winkel keine Rolle spielen. 2 wurde hinzugefügt, damit die $\varkappa$-Skala in den Bereich $0-1$ fällt, da $f_1(\varkappa)$ von 0 bis $\sim 0{,}2$ wächst und wieder nach 0 geht. Man erhält somit:

$$\frac{m+2}{2-f_1(\varkappa)-\varkappa} - \frac{g_1(\alpha)+1}{\frac{2-f_1(\varkappa)-\varkappa}{\varkappa}} = 1.$$

Es ist aufgetragen: $\frac{1}{m+2}$ auf der x-Achse und $-\frac{1}{g_1(\alpha)+1}$ auf der y-Achse. Die $\varkappa$-Kurve ist dann durch folgende Gleichung bestimmt:

$$x = \frac{1}{2-f_1(\varkappa)-\varkappa} \quad \text{und} \quad y = \frac{\varkappa}{2-f_1(\varkappa)-\varkappa}.$$

Die Gleichung der Kurven in x,y-Koordinaten ergibt sich leicht zu

$$x \cdot \left\{2 - f_1\left(\frac{y}{x}\right) - \frac{y}{x}\right\} = 1.$$

Gl. (4) wurde ähnlich behandelt. Um auch hier alle Skalen in den Bereich von $0-1$ zu bekommen, war folgende Umformung notwendig:

$$n + 1 = f_2(\varkappa) + 1 + 2\varkappa + \{g_2(\alpha) - 2\}\varkappa,$$

$$\frac{n+1}{f_2(\varkappa)+1+2\varkappa} - \frac{(g_2(\alpha)-2)\varkappa}{f_2(\varkappa)+1+2\varkappa} = 1,$$

oder

$$\frac{n+1}{f_2(\varkappa)+1+2\varkappa} + \frac{(2-g_2(\alpha))\varkappa}{f_2(\varkappa)+1+2\varkappa} = 1.$$

Zur Konstruktion dieses Schaubildes ist aufzutragen: $\frac{1}{n+1}$ auf der x-Achse und $\frac{1}{2-g_2(\alpha)}$ auf der y-Achse.

Die $\varkappa$-Kurve ergibt sich aus:

$$x = \frac{1}{f_2(\varkappa)+1+2\varkappa}; \quad y = \frac{\varkappa}{f_2(\varkappa)+1+2\varkappa}.$$

Gleichung der Kurve

$$x \cdot \left\{f_2\left(\frac{y}{x}\right) + 1 + 2\frac{y}{x}\right\} = 1.$$

Die genaue Durchführung zeigt das Nomogramm Abb. 8, wobei der einfachen Handhabung wegen alle Skalen in einem Schaubilde vereinigt wurden.

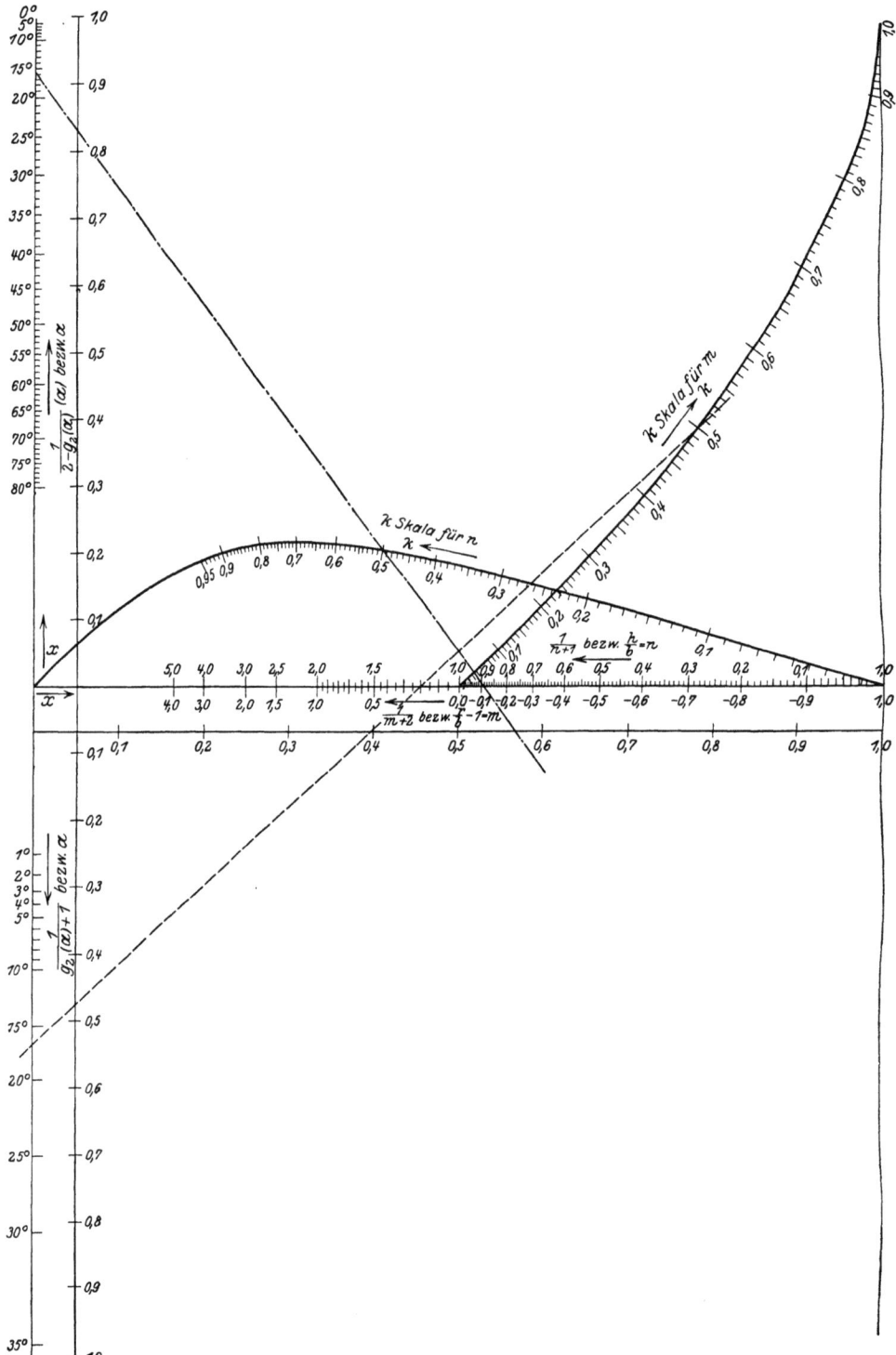

Abb. 8. Nomogramm zur Lösung der Endgleichungen.

Benutzung des Nomogramms.

Bei einer bestimmten Überdeckung m lege man eine Gerade durch m und lese ihren Schnittpunkt mit der zugehörigen α- und $\varkappa$-Skala ab. Diese beiden $\varkappa$ und α fixiere man in den der Gl. (4a) zugehörigen Skalen und ziehe durch diese beiden Punkte eine gerade Linie. Diese schneidet auf der n-Skala das gesuchte n ab. Indem man dieses nun für

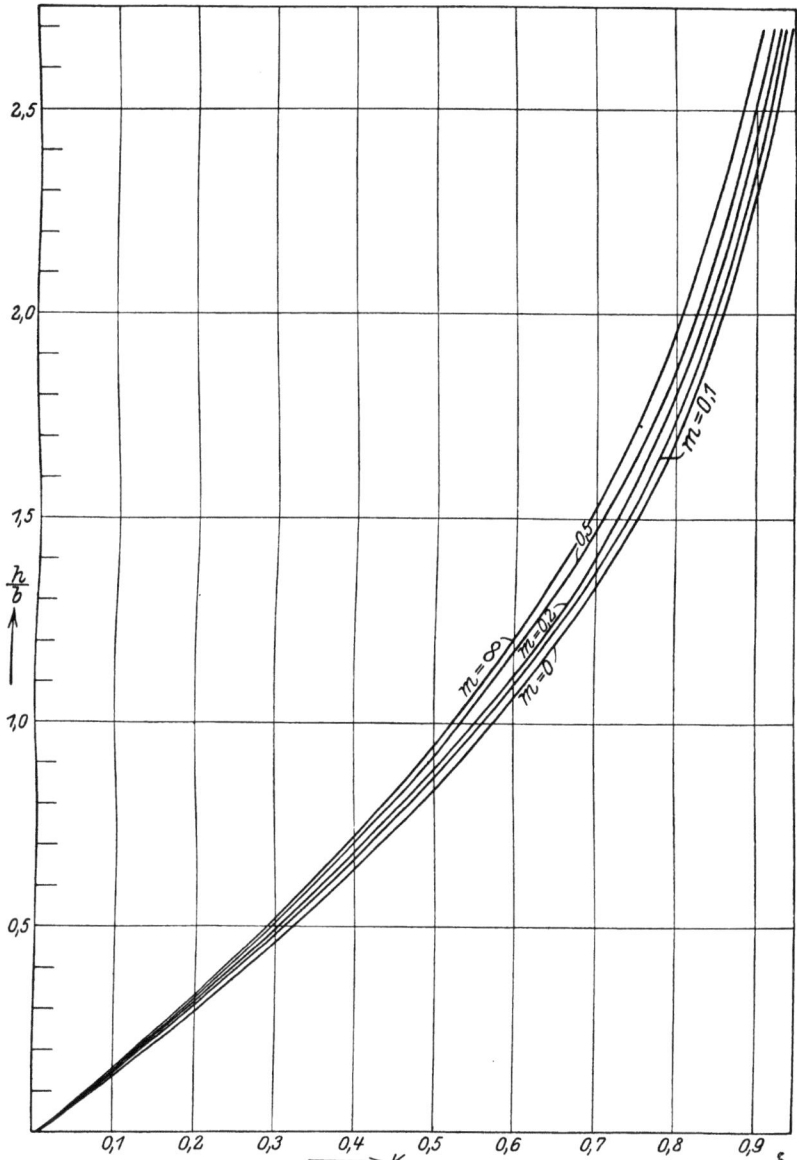

Abb. 9. Geschwindigkeiten im freien Strahl in Abhängigkeit vom Hub.

alle durch $m = \text{const}$ gehenden Geraden macht, bekommt man für diesen Fall alle Abhängigkeiten von $\varkappa$, α und n. Durch Anwendung einiger Fäden und Nadeln wurde die praktische Durchführung noch erheblich erleichtert; auf diese Weise wurde für Werte m von $0 \div \infty$ alle $\varkappa$, α und n ermittelt.

12   Dr.-Ing. Bruno Eck:

Die einzelnen Abhängigkeiten wurden in Kurven dargestellt:

a) **Geschwindigkeit in Abhängigkeit vom Hub.** $n = f(\varkappa)$ (Abb. 9). $\varkappa$ wächst anfangs linear und nähert sich mit wachsendem n asymptotisch dem Werte 1. Es fällt auf, daß alle Kurven $m = $ const sehr enge zusammen liegen, so daß eine Änderung der Überdeckung wenig Einfluß auf die Geschwindigkeit hat. Für die praktisch vorkommenden Hubhöhen bis $n \sim 1{,}0$ kann der Verlauf von n mit großer Annäherung durch eine Gerade ersetzt werden.

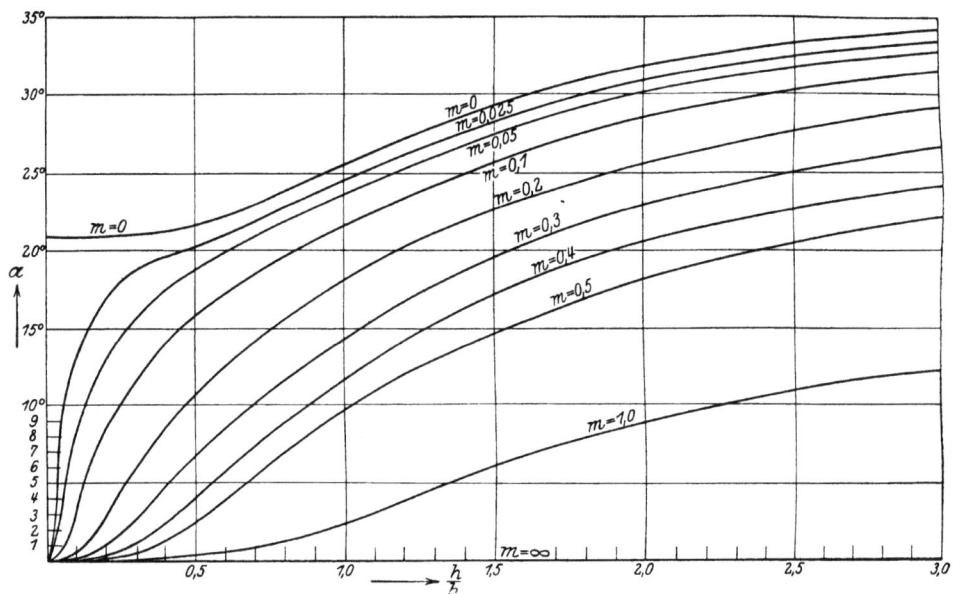

Abb. 10. Ablenkungswinkel des freien Strahles.

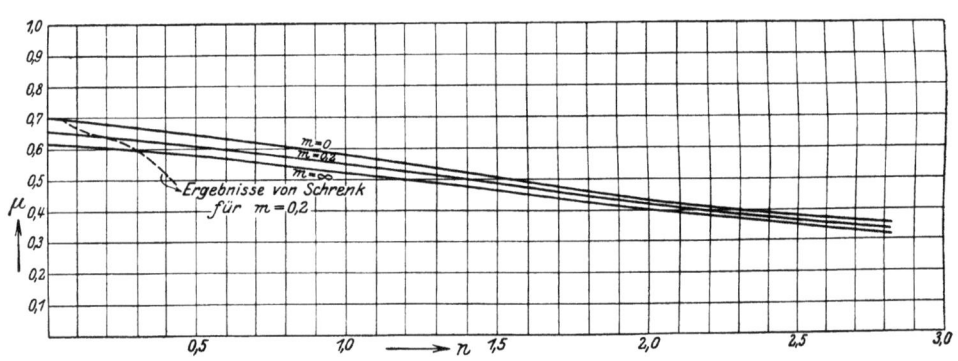

Abb. 11. Kontraktion des freien Strahles.

b) $\alpha = g(\varkappa)$ (Abb. 10). Die Überdeckung hat auf α, wie das auch zu erwarten ist, einen größeren Einfluß. Bei kleinem m wächst α verhältnismäßig rasch und strebt mit wachsendem n einem Grenzwerte zu. Mit größerem m fällt dieser Grenzwert, so daß bei $m = \infty$ nur $\alpha = 0$ möglich ist. Bemerkenswert ist, daß der mit positiven Überdeckungen überhaupt erreichbare größte Winkel den Wert $36°$ hat.

c) Kontraktionskoeffizient (Abb. 11). Man kann leicht zeigen, daß ein Maß für die Kontraktion des austretenden Strahles durch $\mu = \delta/n$ gegeben ist, wenn δ die Strahldicke in D bezeichnet. Der Verlauf dieser Werte zeigte eine sehr schwache Abhängigkeit von m.

Für sehr kleine Werte von $\varkappa, \alpha$ ergibt sich durch eine Grenzwertberechnung für μ der Wert $\dfrac{\pi}{\pi+2}$. Dieses ist dann offenbar identisch mit dem von Kirchhoff behandelten Falle des Ausflusses aus einem unendlich langen Spalt.

d) Im weiteren ist noch der Druckverlustkoeffizient (Abb. 12) $\zeta = \dfrac{1-\varkappa^2}{\varkappa^2}$ aufgezeichnet, der bei geringer Abhängigkeit von m einen stark hyperbolischen Charakter zeigt.

2. Einseitig anliegender Strahl.

Es werde nunmehr eine Strömung behandelt, die im Punkte E nicht abreißt, sondern um 90° umbiegt, um sich dann bis ins Unendliche zu erstrecken (Abb. 13). In C soll die freie Oberfläche beginnen, deren Winkel α' mit der x-Achse bis zu einem Höchstwerte α im Punkte F steigt, um dann wieder im Unendlichen den Wert 0 zu erreichen. Es handelt sich also hier nicht um einen vollständig freien Strahl, sondern um eine Strömung, die an einer Seite von einer festen Wand und an der anderen von einer freien Oberfläche begrenzt wird. Die Umlenkung der

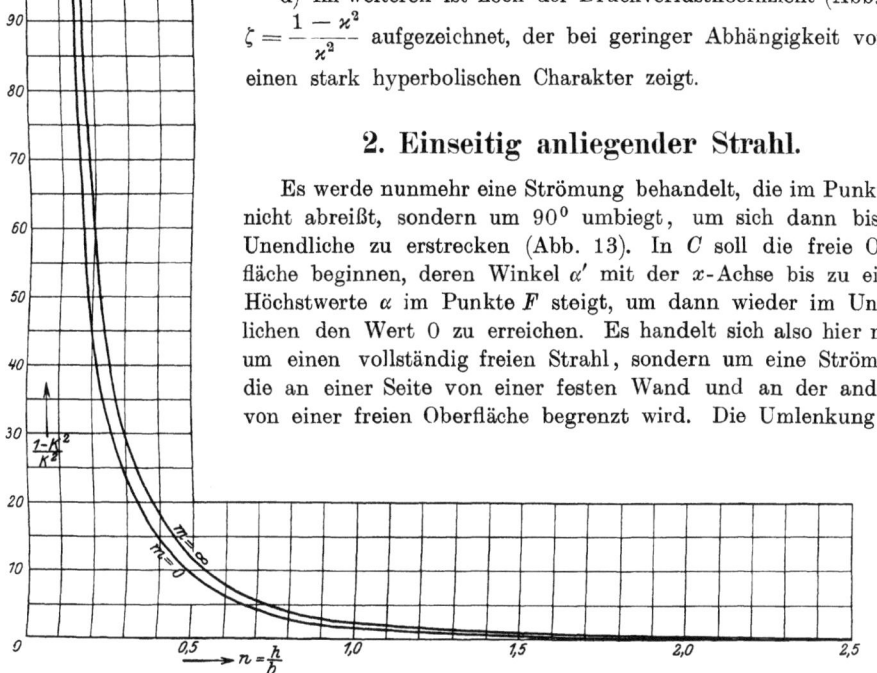

Abb. 12. Druckverlustkoeffizient in Abhängigkeit vom Hub.

Strömung um 90° hat zur Folge, daß dort eine theoretisch unendliche Geschwindigkeit auftreten muß, die nach der Bernouillischen Gleichung einen unendlich großen Unterdruck an dieser Stelle hervorrufen würde. Es steht dies natürlich im Widerspruch mit der Wirklichkeit; jedoch ist es nur mit dieser Einschränkung möglich, die Strömung rechnerisch zu erfassen. Man kann sich ja etwa diesen Punkt und seine Umgebung durch einen kleinen Kreis ausgeschlossen denken.

Es entsteht nun die interessante Frage, ob alle Strömungszustände, die physikalisch bei einer Konfiguration wie bei vorliegendem Ventil auftreten können, durch die vorliegenden Fälle schon erschöpft sind. In der Tat ist es möglich, eine derartige Untersuchung durchzuführen, die sich hauptsächlich auf eine Betrachtung der $\ln w$-Ebene bezieht. Die mathematisch hierbei möglichen Fälle sind nicht immer physikalisch möglich. Erhält man z.B. eine Berandung der $\ln w$-Ebene, bei der die Grenzen keine unendlich benachbarten Stromlinien haben, so hat dieses natürlich keinen physikalischen Sinn mehr, wenn auch ein funktionentheoretisches Interesse nicht abzusprechen ist. Ohne auf diese Untersuchung weiter einzugehen, sei erwähnt, daß im vorliegenden Falle nur noch eine Strömung möglich ist (Abb. 14). Der Strahl biegt auch hier in E um 90° um und legt sich an die horizontale Wand an, reißt dann aber bei E' ab, wo die freie Oberfläche beginnt. Der Winkel α' steigt dann allmählich an, um in $D = \infty$ seinen Höchstwert zu erreichen. Auf der anderen Seite fällt der Winkel, bis er in C den Wert $\alpha = 0$ erreicht. Die mathemati-

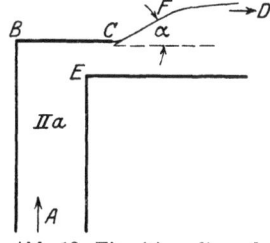

Abb. 13. Einseitig anliegender Strahl.

sche Behandlung der beiden letzten Fälle ist sehr verwandt, weshalb sie beide nebeneinander behandelt werden. Zur Unterscheidung werde die erste mit IIa und die zweite mit IIb bezeichnet. Der Grundgedanke der Berechnung deckt sich im wesentlichen mit den unter 1) ausgeführten Betrachtungen, wenn auch hier die Schwierigkeiten ungleich größere sind.

Man überzeugt sich leicht, daß das Geschwindigkeitsfeld von IIa und IIb durch eine Viertelebene dargestellt wird (Abb. 15), welche längs des Einheitskreises von C über F zurück nach D aufgeschlitzt ist. Der Winkel CBF ist der größte Winkel α. Die $\ln w$-Ebene ergibt sich entsprechend (Abb. 16). Der Unterschied zwischen IIa und IIb ist der, daß einige ausgezeichnete Punkte sich verschieben, ein Umstand, der sich erst bei der Abbildung der Potentialhalbebene auf die Geschwindigkeits-Potentialebene bemerkbar machen wird. Die Abbildung der $\ln w$-Ebene auf die Halbebene könnte auch

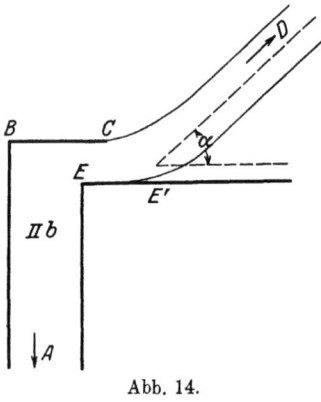

Abb. 14.

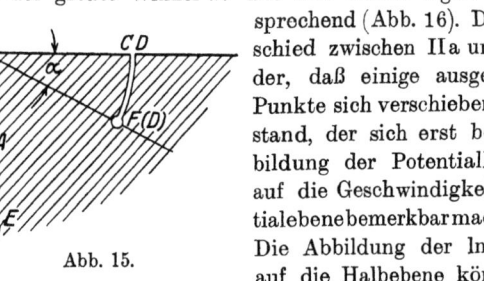

Abb. 15.

hier durch das Christoffelsche Integral ausgeführt werden, jedoch sind die rein formalen Schwierigkeiten gegenüber der folgenden Methode erheblich größer. Wir lösen die Aufgabe hier bequemer durch drei Hilfsabbildungen, die nacheinander den $\ln w$-Streifen auf eine aufgeschlitzte Halbebene und eine Halbebene abbilden.

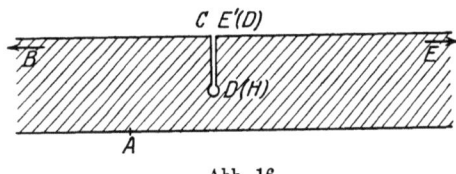

Abb. 16.

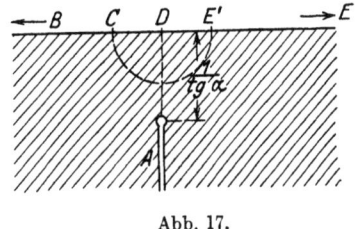

Abb. 17.

Durch $z = \sqrt{1 + \dfrac{\mathfrak{Sin}^2 \omega}{\sin^2 \alpha}}$ wird der Streifen der $\ln w$-Ebene auf eine Halbebene abgebildet, die von $\dfrac{i}{\operatorname{tg} \alpha}$ bis ∞ längs der imaginären Achse aufgeschnitten ist, Abb. 17. Eine Spiegelung am Einheitskreis $z = \dfrac{1}{\zeta}$ verlegt den Schlitz von ∞ nach dem Nullpunkt und

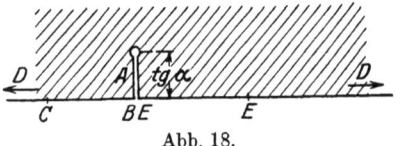

Abb. 18.

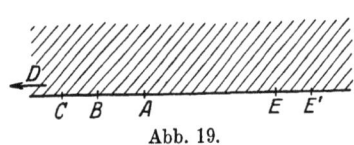

Abb. 19.

$\dfrac{i}{\operatorname{tg} \alpha}$ nach $-i \operatorname{tg} \alpha$, Abb. 18. Durch eine 3. Abbildung endlich $\zeta^2 = \operatorname{tg}^2 \alpha \, (f^2 - 1)$ wird die von 0 bis $-i \operatorname{tg} \alpha$ aufgeschlitzte Halbebene auf die Halbebene abgebildet, Abb. 19. Eliminiert man die einzelnen Stufen, so findet man für die Abbildung der $\ln w$-Ebene auf die Halbebene die Funktion:

$$f^2 = \frac{\mathfrak{Cof}^2 \omega}{\mathfrak{Cof}^2 \omega - \cos^2 \alpha} = \frac{\mathfrak{Cof}^2 (\lg w)}{\mathfrak{Cof}^2 (\lg w) - \cos^2 \alpha}.$$

Die durch $s_1 = e^{\chi_1}$ bzw. $s_2 = e^{\chi_2}$ auf die Halbebene abgebildeten Potentialebenen werden durch eine lineare Transformation zur Deckung gebracht, so daß je 3 zusammengehörige Punkte übereinstimmen. Die Ansätze $s_1 = \dfrac{f + a_1}{f c_1 + b_1}$ und $s_2 = \dfrac{f + a_2}{f c_2 + b_2}$ führen nach Bestimmung der Konstanten und Ausschaltung der einzelnen Hilfsvariablen zu den Gleichungen:

$$e^{\chi_1} = \tau \; \dfrac{\dfrac{\mathfrak{Cof}(\lg w)}{\sqrt{\mathfrak{Cof}^2(\lg w) - \cos^2\alpha}} + \dfrac{1 - \varkappa^2}{\sqrt{(1-\varkappa^2)^2 + 4\varkappa^2\cos^2\alpha}}}{\dfrac{\mathfrak{Cof}(\lg w)}{\sqrt{\mathfrak{Cof}^2(\lg w) - \cos^2\alpha}} - \dfrac{1}{\sin\alpha}} \qquad \ldots \ldots (5)$$

$$e^{\chi_2} = \mu \left\{ \dfrac{\mathfrak{Cof}(\lg w)}{\sqrt{\mathfrak{Cof}^2(\lg w) - \cos^2\alpha}} + \dfrac{1 - \varkappa^2}{\sqrt{(1-\varkappa^2)^2 + 4\varkappa^2\cos^2\alpha}} \right\} \qquad \ldots \ldots (6)$$

Was unter 1. von den Parametern gesagt wurde, gilt auch unverändert hier, indem nur $\varkappa$ und α auftreten, mit denen man wieder die Abmessungen bestimmen kann. Insbesondere sind auch hier wieder Integrale $z = \int \dfrac{d\chi}{w}$ auszuführen. Die ungleich schwierigere Ausführung dieser Integrale wurde dadurch ermöglicht, daß als Integrationsweg die f-Ebene gewählt wurde:

$$z = \int \dfrac{d\chi}{w} = \int \dfrac{1}{w} \dfrac{d\chi}{df} df = \int e^{-\omega} \dfrac{d\chi}{df} df;$$

da ja $w = e^{i\omega}$.

Strömung IIa:
$$z = \int \left\{ \dfrac{f \cos\alpha}{\sqrt{f^2 - 1}} - \sqrt{\dfrac{1 - f^2 \sin^2\alpha}{f^2 - 1}} \right\} \left\{ \dfrac{1}{f + f_a} - \dfrac{1}{f - \dfrac{1}{\sin\alpha}} \right\} df,$$

Strömung IIb:
$$z = \int \left\{ \dfrac{f \cos\alpha}{\sqrt{f^2 - 1}} - \sqrt{\dfrac{1 - f^2 \sin^2\alpha}{f^2 - 1}} \right\} \dfrac{1}{f + f_a} df.$$

Man sieht, daß sich die Integrale zusammensetzen aus elementaren Bestandteilen und elliptischen Integralen I., II. und III. Gattung. Auf die recht umständlichen Berechnungen sei hier nicht weiter eingegangen und im folgenden nur das Resultat zusammengestellt:

$$\left. \begin{aligned} m &= \dfrac{\varkappa}{\pi} \cos\alpha \lg\left(\cotg\dfrac{\alpha}{2}\right) - \dfrac{1 - \varkappa^2}{2\pi} \arccos\dfrac{f_a - \sin\alpha}{1 - f_a \sin\alpha} - \dfrac{\varkappa}{2} \sin\alpha - \dfrac{1}{2(1 + \cos\Theta)} \\ &\quad + \dfrac{\varkappa f_a}{\pi \sin\Theta \cos\Theta} \left\{ \dfrac{\pi}{2} + (F - E)(F(\Theta, k') - F \cdot E(\Theta, k') \right\} \\ &\quad - \dfrac{\varkappa}{2} \cos\alpha \lg\left(\cotg\dfrac{\alpha}{2}\right) + \dfrac{\varkappa}{\pi} \lg \dfrac{1}{\sin\alpha} - \dfrac{\varkappa}{\pi} \sin\alpha \left(F - \dfrac{\pi}{2} \right) \\ \overline{} \\ n &= \varkappa \cos\alpha + \dfrac{1 + \varkappa^2}{\pi} \{\bar{F} \cdot \bar{E}(\Gamma) - \bar{E} \cdot \bar{F}(\Gamma)\} - \varkappa \cos\alpha + \varkappa - \dfrac{2\varkappa}{\pi} \sin\alpha F \\ \overline{} \end{aligned} \right\} \; . \; (7)$$

Die ganzen Gleichungen gelten für Strömung IIa und die Gleichung ohne unterstrichene Glieder für Strömung IIb. Die einzelnen Funktionen haben folgende Bedeutung:

$$f_a = \dfrac{1 - \varkappa^2}{\sqrt{(1-\varkappa^2)^2 + 4\varkappa^2 \cos^2\alpha}}; \qquad \tg\dfrac{\Theta}{2} = \varkappa;$$

$$F = \int_0^{\pi/2} \dfrac{d\varphi}{\sqrt{1 - \cos^2\alpha \sin^2\varphi}}; \qquad E = \int_0^{\pi/2} \sqrt{1 - \cos^2\alpha \sin^2\varphi} \, d\varphi;$$

$$F(\Theta, k') = \int_0^{\Theta} \dfrac{d\varphi}{\sqrt{1 - \cos^2\alpha \sin^2\varphi}}; \qquad E(\Theta, k') = \int_0^{\Theta} \sqrt{1 - \cos^2\alpha \sin^2\varphi} \, d\varphi;$$

$$\bar{F} = \int_0^{\pi/2} \frac{d\varphi}{\sqrt{1-\sin^2\alpha \sin^2\varphi}}; \qquad \bar{E} = \int_0^{\pi/2} \sqrt{1-\sin^2\alpha \sin^2\varphi}\, d\varphi;$$

$$\bar{F}(\Gamma) = \int_0^{\Gamma} \frac{d\varphi}{\sqrt{1-\sin^2\alpha \sin^2\varphi}}; \qquad \bar{E}(\Gamma) = \int_0^{\Gamma} \sqrt{1-\sin^2\alpha \sin^2\varphi}\, d\varphi;$$

$$\operatorname{tg} \Gamma = \frac{1}{\operatorname{tg}\Theta \cos\alpha}.$$

Für die Berechnung der Kräfte, die auf den Ventilteller wirken, wird sich eine ähnliche Berechnung ergeben wie für r und h. Nach dem Bernouillischen Theorem ist der Druckunterschied zwischen einem Punkte unter und über dem Teller $\Delta p = \frac{\gamma}{2g}(1-w^2)$. Den Gesamtdruck liefert dann eine Integration

$$P' = \frac{\gamma}{2g} \frac{1}{b} \int_0^r (1-w^2)\, ds,$$

wobei der Faktor $\frac{1}{b}$ aus einem oben angeführten Grunde hinzugefügt werden mußte. Der 1. Summand ist $m+1$, während der 2. Teil auf das Integral führt:

$$P^* = \frac{1}{b} \int_0^r \left\{ \frac{f \cos\alpha}{\sqrt{f^2-1}} + \sqrt{\frac{1-f^2\sin^2\alpha}{f^2-1}} \right\} \frac{1}{f+f_a}\, df.$$

Die Ausrechnung ergibt:

$$P^* = \frac{\varkappa}{\pi} \cos\alpha \lg\left(\cotg\frac{\alpha}{2}\right) - \frac{1-\varkappa^2}{2\pi} \arccos \frac{f_a - \sin\alpha}{1 - f_a \sin\alpha}$$

$$+ \frac{\varkappa}{2}\sin\alpha + \frac{1-3\varkappa^2}{4} - \frac{\varkappa \bar{f} a}{\pi \sin\Theta \cos\Theta}\left\{\frac{\pi}{2} + (F-E) F(\Theta, k') - F \cdot E(\Theta, k')\right\}$$

$$+ \cos\alpha \lg \frac{1-\cos\alpha}{\sin\alpha} + \lg \frac{1}{\sin\alpha} + \sin\alpha \left(F - \frac{\pi}{2}\right).$$

Die unterstrichenen Werte fallen für Strömung IIb weg.

Für Strömung I gestaltet sich die Berechnung der Kräfte bedeutend einfacher, da man dieselben nach dem Impulssatz ermitteln kann. Die auf r wirkenden Kräfte setzen sich zusammen (Abb. 1):

1. aus dem Druckunterschied im beiderseits Unendlichen auf die Breite b

$$b \frac{\gamma}{2g}(1-\varkappa^2),$$

2. aus dem Ablenkungsdruck $(\varkappa - \sin\alpha)\pi \frac{\gamma}{g}$, da π das pro Zeiteinheit durchströmende Volumen war.

Um wieder in Übereinstimmung mit den bisherigen Untersuchungen dimensionslose Zahlen zu erhalten, erweitern wir noch mit $\frac{1}{b}$ und erhalten:

$$P = \frac{1-\varkappa^2}{2} + \varkappa(\varkappa - \sin\alpha) \left(\text{unter Weglassung von } \frac{\gamma}{g}\right)[1].$$

---

[1]) Es sei hier hervorgehoben, daß P gilt für konstante Spaltgeschwindigkeit; um zu konstanter Wassermenge überzugehen, hat man P durch $\varkappa^2$ zu dividieren.

3. Zusammenstellung der Ergebnisse.

Die Werte n, m und P müssen nun in Abhängigkeit von $\varkappa$ und α ausgerechnet werden, wobei zu beachten ist, daß die Gleichungen für m und n immer nur zusammen gelöst werden können und ihre Lösung die Strömung erst genau festlegt. Nimmt man dann aus diesen Gleichungen zusammengehörige Werte $\varkappa$ und α und setzt diese in P ein, so erhält man P. Die ziemlich komplizierte Form, in der P, n, m mit $\varkappa$ und α verknüpft sind, gab Anlaß zu ziemlich umständlichen graphischen und rechnerischen Auswertungen, deren Resultat in Kurventafeln mit P, m und n als Ordinaten und α als Abszisse dargestellt ist. Hierin wurden die Kurven $\varkappa = $ const für $\varkappa = 0{,}0;\ 0{,}1 \ldots 1{,}0$ eingetragen. (Abb. 20, 21, 22, 23, 24, 25.)

Aus den Kurventafeln für m sieht man sofort, daß die ganze Strömung in den Fällen II a und II b auf verhältnismäßig kleine Winkel beschränkt ist. Bei II b sind die Winkel ungefähr doppelt so groß wie bei II a.

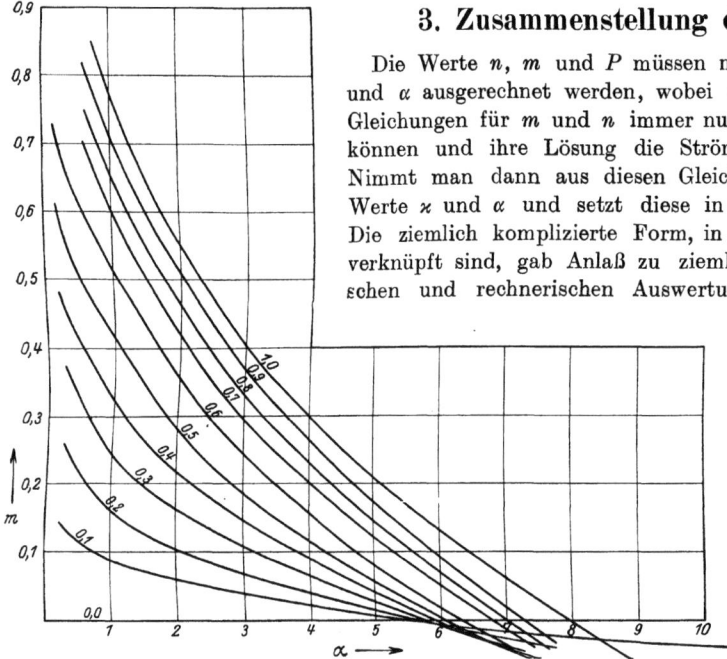

Abb. 20. Strömung II a. Überdeckungen in Abhängigkeit von α. Kurven $\varkappa = $ const.

Die Kurvenscharen von h bzw. n zeigen im Falle II b, daß für kleine Winkel die Hubhöhe fast proportional wird mit α und $\varkappa$, während dies bei II a nicht so sehr der Fall ist. Letztere Kurven gelten nur etwa in dem Bereiche bis zu 20^0, da von da ab ein bei der Ausrechnung vernachlässigtes Glied in Erscheinung tritt.

Daß die Strömung in den Grenzfällen in Ordnung ist, ist leicht zu übersehen; für große Überdeckungen ist der Winkel sehr klein und wird schließlich bei $m = \infty$ 0^0. Bei $m = 1$, d. h. in dem Falle, wo der Kanal ganz auf ist, sieht man leicht aus den Gleichungen für m, daß $\varkappa = 1$ und $\alpha = 90^0$ ist. Bei konstanten Überdeckungen wächst mit steigendem α auch $\varkappa$, so daß α bei $\varkappa = 1$ seinen scheinbar größten Wert erreicht. Für positive Überdeckungen ist der größte erreichbare Winkel $\alpha_\text{max} = 14^0$ im Falle II b und $\alpha_\text{max} = 8^0$ im Falle II a. Jede Überdeckung ergibt einen größten Winkel, der bei $\varkappa = 1$ abzulesen ist.

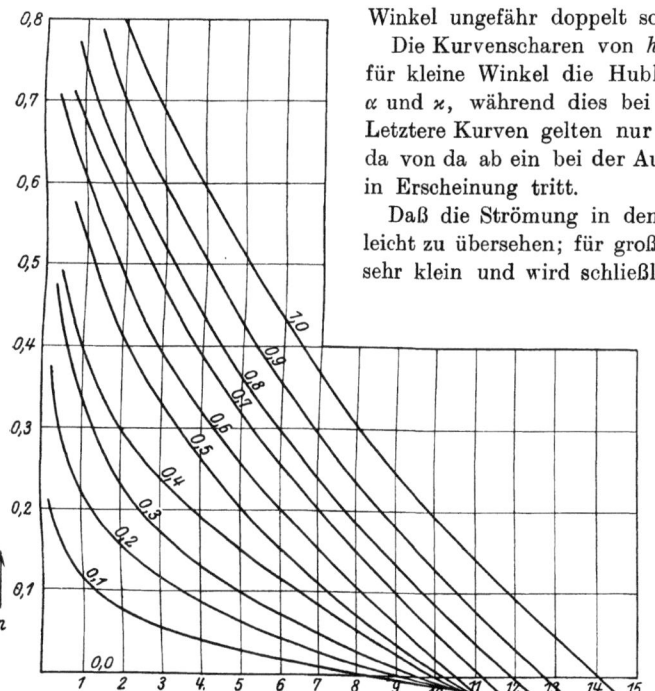

Abb. 21. Strömung II b. Überdeckungen in Abhängigkeit von α. Kurven $\varkappa = $ const.

Der Verlauf von m bei negativen Überdeckungen ist wesentlich anders wie bei positiven. Die einzelnen Kurven überschneiden sich, so daß mit wachsendem $\varkappa$ α zunächst wächst, einen Größtwert erreicht, um dann wieder zu sinken bis zu $\varkappa = 1$; ob eine solche Strömung überhaupt existiert, kann ohne nähere Untersuchung noch nicht behauptet werden; da dieses etwa dem Verhalten einer Drosselklappe gleicht, für Ventilströmungen jedoch nicht in Frage kommt, wurde nicht weiter hierauf eingegangen.

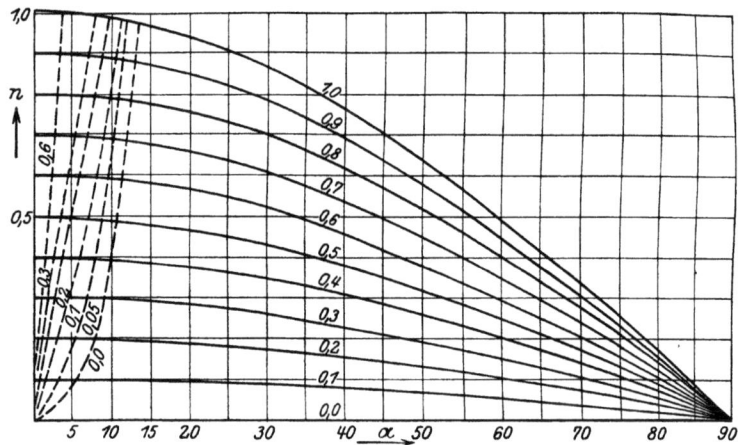

Abb. 22. Strömung IIb. Hub in Abhängigkeit von α. Kurven $\varkappa$ = const., m = const.

Im folgenden wurden für einige Überdeckungen die in Frage kommenden Größen bestimmt. Da die in der Praxis vorkommenden Ventile Überdeckungen von $m = 0,0$ bis $0,6$ aufweisen, wurden untersucht: $m = 0,0$; $0,05$; $0,1$; $0,2$; $0,3$; $0,6$. Die zugehörigen Werte $\varkappa$, α usw. erhält man auf folgende Weise: In der m-Tafel ist für m = const eine Parallele zur α-Achse zu ziehen; diese schneidet die $\varkappa$-Kurven in Punkten, die je zwei Werte $\varkappa$ und α bestimmen.

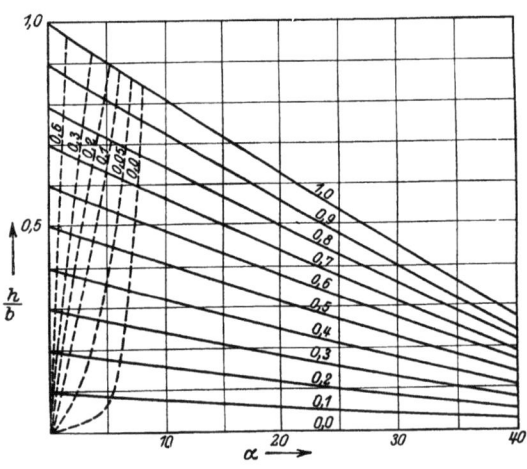

Abb. 23. Strömung IIa.
Hub in Abhängigkeit von α.
Kurven $\varkappa$ = const., Kurven m = const.

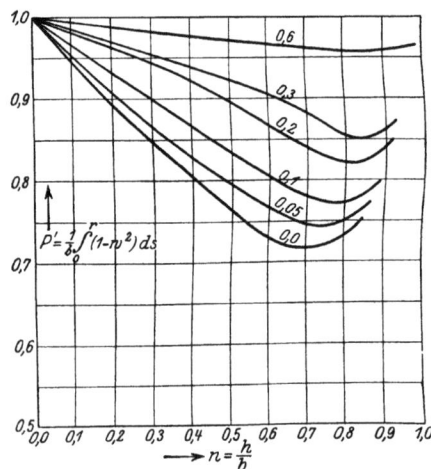

Abb. 24. Kräfte auf den Ventilteller in Abhängigkeit vom Hub bei Strömung IIa. Kurven m = const.

Diese Punkte trägt man dann in die Tafeln für n ein und findet so den Verlauf des Hubes in Abhängigkeit von α. Das Resultat ist also hier dasselbe wie bei dem im ersten Teil behandelten Falle. Man erhält für konstante Überdeckungen eine Tabelle von je drei Werte α, $\varkappa$ und n.

Aus den n-Kurven sieht man, daß n mit großer Annäherung linear mit α und $\varkappa$ verläuft. Die Ablenkung α des Strahles ist sowohl bei IIa wie IIb sehr gering. Die Tafeln für m weisen bei den gebräuchlichen Überdeckungen Werte bis $\alpha \sim 10^0$ auf. Alle übrigen die Strömungen betreffenden Fragen lassen sich nach den ausgerechneten Kurven leicht ermitteln. Für die Strömung IIb ist noch die Kenntnis der Strecke EE' von Wichtigkeit. Die Größe dieser Strecke ist wieder durch Integration zu gewinnen. Es zeigte sich folgende Veränderung von EE' mit dem Hube. Für $n = 0$ ist $EE' = \infty$, mit wachsendem h fällt EE', erreicht ein Maximum, um dann wieder zu wachsen. Es ist leicht zu ermitteln, daß von dem Minimum an eine Strömung gegen Druck vorhanden ist. Mathematisch von Bedeutung ist, daß die Veränderlichkeit von EE' zeigt, daß eine Strömung, bei der etwa durch Konstruktion EE' vorgeschrieben ist, nicht notwendig existiert.

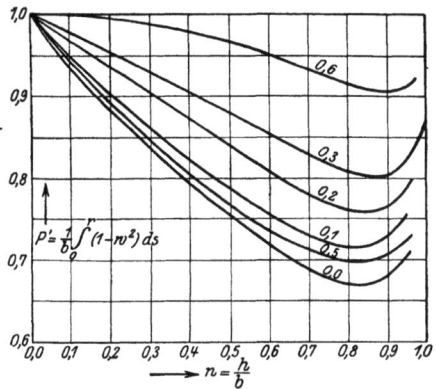

Abb. 25. Kräfte auf den Ventilteller in Abhängigkeit vom Hub bei Strömung IIb. Kurven $m = $ const.

4. Die Entscheidung zwischen den beiden Strömungsformen.

Nachdem es gelungen ist, die drei Strömungen rechnerisch nach allen Seiten hin zu erfassen, entsteht die wichtige Frage, welche Strömung denn nun im gegebenen Falle auftritt, ob es Zustände gibt, bei denen zwei verschiedene auftreten können usw. Insbesondere

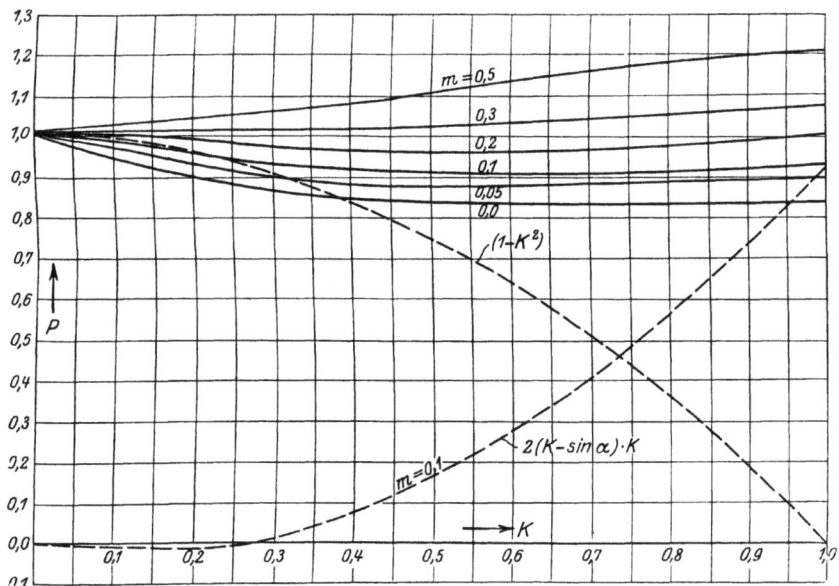

Abb. 26a. Kräfte auf den Ventilteller in Abhängigkeit von der Geschwindigkeit beim freien Strahl.

letztere Frage hängt mit der Stabilität der Strömungen eng zusammen, weshalb wir den Verlauf der Kräfte näher betrachten müssen. Die Kräfte für I zeigen für kleine Überdeckungen ein geringes Abfallen (Abb. 26), dann aber allmähliches Ansteigen mit dem Hube, für größere Überdeckungen wachsen die Kräfte dauernd, wenn auch sehr wenig[1]. Bei

---

[1]) Dies gilt für konstante Spaltgeschw. Bei konst. Wassermenge fällt P mit wachsendem Hub ständig.

IIa und IIb (Abb. 24, 25) zeigen sich einige Besonderheiten. Die Kräfte fallen für kleine Hübe sehr stark, erreichen bei $n \sim 1$ ein Minimum, um dann wieder stark zu steigen[1]). Es ist nun notwendig, das Gleichgewicht eines mit einer Feder belasteten Ventiltellers zu betrachten. Die Federkraftkurve ist immer eine ansteigende Linie. Gleichgewicht ist in dem Punkte vorhanden, wo die Federkraftkurve sich mit der Druckkurve schneidet. Dann

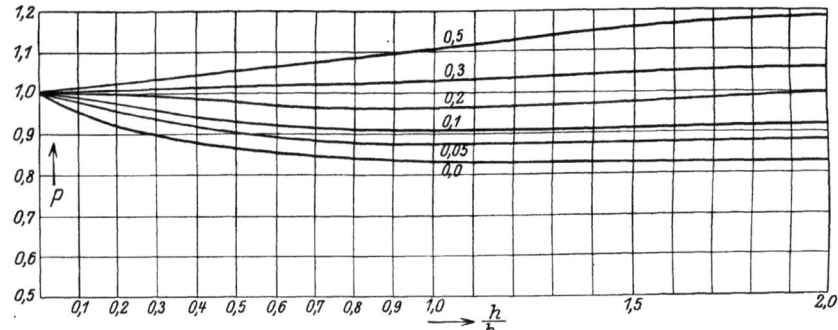

Abb. 26b.   Kräfte auf den Ventilteller in Abhängigkeit vom Hub beim freien Strahl.

sind zwei Fälle möglich, die Federkraft verläuft steiler wie die Druckkraft oder umgekehrt. Nur der erste Fall ist stabil, da bei Störung des Gleichgewichtes dort Kräfte auftreten, die den ursprünglichen Zustand wieder herzustellen bestrebt sind (Abb. 27). Aus dem entgegengesetzten Grunde kennzeichnet der Kraftverlauf von Abb. 28 einen labilen Typ. In diesem Sinne erkennt man leicht, daß Strömung IIa und IIb unter allen Umständen bis zu dem Minimum stabil sind, darüber hinaus sind jedoch keine bestimmte Aussagen zu machen. Der stets fallende Verlauf von P bei I im Falle konstanter Wassermenge zeigt, daß diese Strömung immer stabil ist. Daß bei kleinen Hüben nur die Strömungen II auftreten können, ist leicht erklärlich wegen der sonst auftretenden sehr großen Geschwindigkeiten. Andere Verhältnisse werden jedoch eintreten, wenn man den Ventilteller festhält und ihm keine Bewegungsfreiheit läßt, eine Anordnung, die den vor kurzer Zeit von Schrenk in Darmstadt gemachten Versuchen zugrunde lag. Er beobachtete die merkwürdige Tatsache, daß beim Anheben des Ventiltellers sich zuerst der Strömungszustand II ausbildet, um dann plötzlich in Strömungszustand I umzuschlagen.

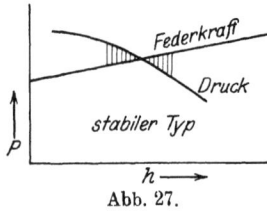

Abb. 27.

Es fragt sich, aus welchem physikalischen Grunde bei einem gewissen Hube eine Instabilität auftritt, wenn, wie bei der Anordnung Schrenk, keine Feder vorhanden ist. Es ist nicht anzunehmen, daß der Verlauf der Kräfte auf den Ventilteller, wie er oben ermittelt wurde, einen Einfluß auf diese Erscheinung hat, obwohl das Minimum der Kräfte bei einem Hub auftritt, der dieselbe Größenordnung hat, wie der von Schrenk beim Überschlagen der Strömung.

Es ist wahrscheinlicher, daß die Reibung an der festen Wand verantwortlich zu machen ist für diese Erscheinung. Vom Punkte E an sinkt die Geschwindigkeit längs der Wand von $u = \infty$ bis zu $u = 1$ im Unendlichen. In der wirklichen Flüssigkeit wird die Strömung längs einer festen Wand so vor sich gehen, daß an der Wand selbst die Flüssigkeit infolge der Reibung haftet und die Geschwindigkeit dann allmählich zunimmt bis zu dem Werte,

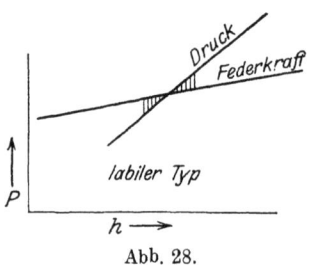

Abb. 28.

---

[1]) Bei konstanter Wassermenge fällt P von Unendlich bis zum Minimum, das durch die Division von $\varkappa^2$ etwas nach rechts verschoben wird.

der sich aus der Potentialströmung ergibt. Die Schicht, in der dieser Anstieg erfolgt, ist sehr klein und wird die sog. Grenzschicht genannt. Strömt nun, wie im obigen Falle, die Flüssigkeit mit abnehmender Geschwindigkeit längs einer Wand, so werden die Teilchen, die in der Grenzschicht sich befinden, viel schneller zur Ruhe kommen, als die weiter entfernteren Teilchen. Der Druckanstieg wird deshalb in der Grenzschicht viel schneller vor sich gehen. Schließlich wird ein Punkt kommen, wo der Druck an der Grenzschicht sogar eine Gegenströmung verursacht. In den meisten Fällen wird dann die Strömung abreißen. Erscheinungen, die vom Diffusor her bekannt sind. Ähnliche Verhältnisse liegen auch hier vor. Interessant ist, daß die Punkte des Abreißens der Schrenkschen Strömung maßstäblich aufgezeichnet, ungefähr auf einer Geraden liegen unter dem Winkel 25°. Es liegt also sehr nahe, bei der Schrenkschen Strömung an einen Diffusor zu denken, bei dem die Strömung abreißt. Rechnerisch läßt sich diese Frage sehr schwer behandeln.

Es sei jedoch im folgenden erläutert, wie man näherungsweise den Geschwindigkeitenverlauf auf der Strecke EE' ermitteln kann. Setzt man in Gl. (5) $\varkappa = 0$, d. h. betrachtet man eine Strömung, wo b den Wert ∞ hat, so erhält man für große $w = u > 2$ die Entwicklung:

$$e = 2(1+\sigma)\frac{1+\frac{1}{u^2}}{1+\frac{1}{u^2}\frac{2}{1-\sigma}}; \quad \varphi = \lg 2(1+\sigma) + \lg\left(1+\frac{1}{u^2}\right) - \lg\left(1+\frac{1}{u^2}\frac{2}{1-\sigma}\right)$$

wo $\sigma = \dfrac{1}{\sin\alpha}$ eingeführt wurde.

$$\varphi = \lg 2(1+\sigma) + \frac{1}{u^2} - \frac{1}{u^2}\frac{2}{1-\sigma} \quad \text{(höhere Glieder wurden vernachlässigt.)}$$

nun ist

$$d\varphi = -2\frac{1}{u^3}\frac{1+\sigma}{\sigma-1}du,$$

$$d\varphi = u\,dx$$

$$dx = -2\frac{1}{u^4}\frac{1+\sigma}{\sigma-1}du$$

$$x = -2\int_x^u \frac{1}{u^4}\frac{1+\sigma}{\sigma-1}du = \frac{2}{3}\frac{1}{u^3}\frac{1+\sigma}{\sigma-1},$$

man erhält also

$$u = \frac{1}{x^{\frac{1}{3}}}\left(\frac{2}{3}\frac{1+\varrho}{\sigma-1}\right)^{\frac{1}{3}}.$$

Durch eine kleine Überschlagsrechnung kann man sich auch von der Richtigkeit der Aussage überzeugen. In der Umgebung des Punktes E muß doch eine Strömung herrschen, die der einfachen Strömung um eine rechteckige Ecke sehr nahe kommt. Diese ist aber durch die folgende Abbildung gegeben.

$$x = C''z^{\frac{2}{3}}; \quad \frac{d\chi}{dx} = u$$

$$u = \frac{2}{3}C''\frac{1}{x^{\frac{2}{3}}}.$$

Dieses ist die Verteilung der Geschwindigkeit in unmittelbarer Nähe der scharfen Ecke. In weiterer Entfernung nähert sich u asymptotisch dem Werte 1.

5. Vergleich der Ergebnisse mit Versuchen.

Um ein richtiges Urteil für die Unterschiede zu bekommen, die gegenüber der berechneten Strömung in Wirklichkeit auftreten können, müssen wir uns Rechenschaft geben über die Größenordnung der einzelnen Fehlerquellen.

In erster Linie ist zu bedenken, daß die ganze Berechnung zweidimensional durchgeführt wurde. Um richtige Vergleiche anstellen zu können, muß vor allen Dingen die Kontinuitätsgleichung erfüllt sein. Dreidimensional strömt durch den Ventilspalt die Wassermenge $\varkappa \cdot \pi \frac{d^2}{4}$, zweidimensional durch ein $\pi \cdot d$ langes Stück $\pi d \cdot \frac{d}{2} \cdot \varkappa = \pi \frac{d^2}{2} \cdot \varkappa$. Die durchströmenden Mengen verhalten sich also wie $1:2$. Verringern wir im letzten Falle die Hubhöhe um die Hälfte, so haben wir in beiden Fällen gleiche durchströmende Mengen. Es ist also in sämtlichen Resultaten die mit n bezeichnete Größe zu halbieren.

Die bei einem wirklichen Ventil ausströmenden Strahlen bilden eine Fläche von doppelter Krümmung. Hierdurch entsteht eine andere Druckverteilung, die die Formgebung der Begrenzung wesentlich beeinflußt. Der größte Fehler entsteht jedoch offenbar durch die Außerachtlassung der Wand, die die Ausbildung des Strahles sehr schnell behindert.

Für den Fall, daß der Strahl frei in Luft austritt, sei noch die Wirkung Oberflächenspannung erwähnt. Da der Strahl zwei Begrenzungen hat, wirkt dieselbe auf beiden Seiten. Die folgende kurze Rechnung soll zeigen, daß dieser Einfluß sehr klein und unbedingt zu vernachlässigen ist. Auf ein Flächenelement von der Größe $1\ cm^2$ mit den beiden Hauptkrümmungsradien r_1 und r_2 wirkt die Normalkraft $N = p = 2\,T\left(\frac{1}{r_1} + \frac{1}{r_2}\right)$. Für Wasser-Luft z. B. ist $T = 0.75\ g. \sec^{-2}$. Nehmen wir einen sehr ungünstigen Fall an (ein sehr kleines Ventil), z. B. $r_1 = 3\ cm$, $r_2 = 4\ cm$, so erhalten wir: $p = 0.87\ mm$ Wassersäule. Es handelt sich also hier um sehr kleine Kräfte, die allerdings dann in Erscheinung treten können, wenn der Strahl sehr dünn ist.

Sehen wir einmal von der Reibung und von der festen Wand, die den Raum über dem Ventil begrenzt, ab, so können wir zusammenfassend sagen: der Gesamtfehler, der dadurch entsteht, daß die Strömung als ebenes Problem angesehen wird, wird der Größenordnung nach mit dem sog. Seitenverhältnis, d. i. in unserem Falle der Quotient $\frac{\text{Dicke des Strahles}}{\text{Umfang des Ventiltellers}}$ ungefähr identisch sein. Dieser Quotient bewegt sich zwischen 0 und $\frac{1}{8}$, d. h. $0 \div 12\,^0/_0$.

Kontraktionskoeffizient.

Die von Schrenk ermittelten Kontraktionskoeffizienten sind in Abb. 10 eingezeichnet (gestrichelte Kurve). Schrenk hat diese Ermittelungen nur für $m = 0.2$ durchgeführt. Bei der Eintragung wurde berücksichtigt, daß der Hub gegenüber dem ebenen Problem zu halbieren ist. Zuerst zeigen sich größere Abweichungen, dann stimmen die Versuche mit den errechneten Werten überein, um für noch größere Hübe etwas abzufallen. Die anfängliche große Abweichung rührt daher, weil Schrenk dort noch den Strömungszustand II hat, bei welchem ein Kontraktionskoeffizient als solcher gar nicht existiert; die späteren größeren Abweichungen lassen sich dadurch erklären, daß bei dem räumlichen Ventil die Durchmesser nach außen zu sehr schnell wachsen, der Strahl also sehr viel enger wird wie bei dem ebenen Problem. Immerhin sind die größten Abweichungen nur $\sim 15\,^0/_0$.

Ablenkungswinkel.

Die von Schrenk gemessenen Winkel der Strömung weichen sehr von den im I. Teil errechneten ab. Ein richtiger Vergleich ist dort nicht möglich. Es rührt das daher, daß die Wand die Entwicklung des Strahles sehr beeinflußt, und zwar in der Richtung, daß die Winkel wesentlich größer ausfallen.

Strömungserscheinungen in Ventilen.

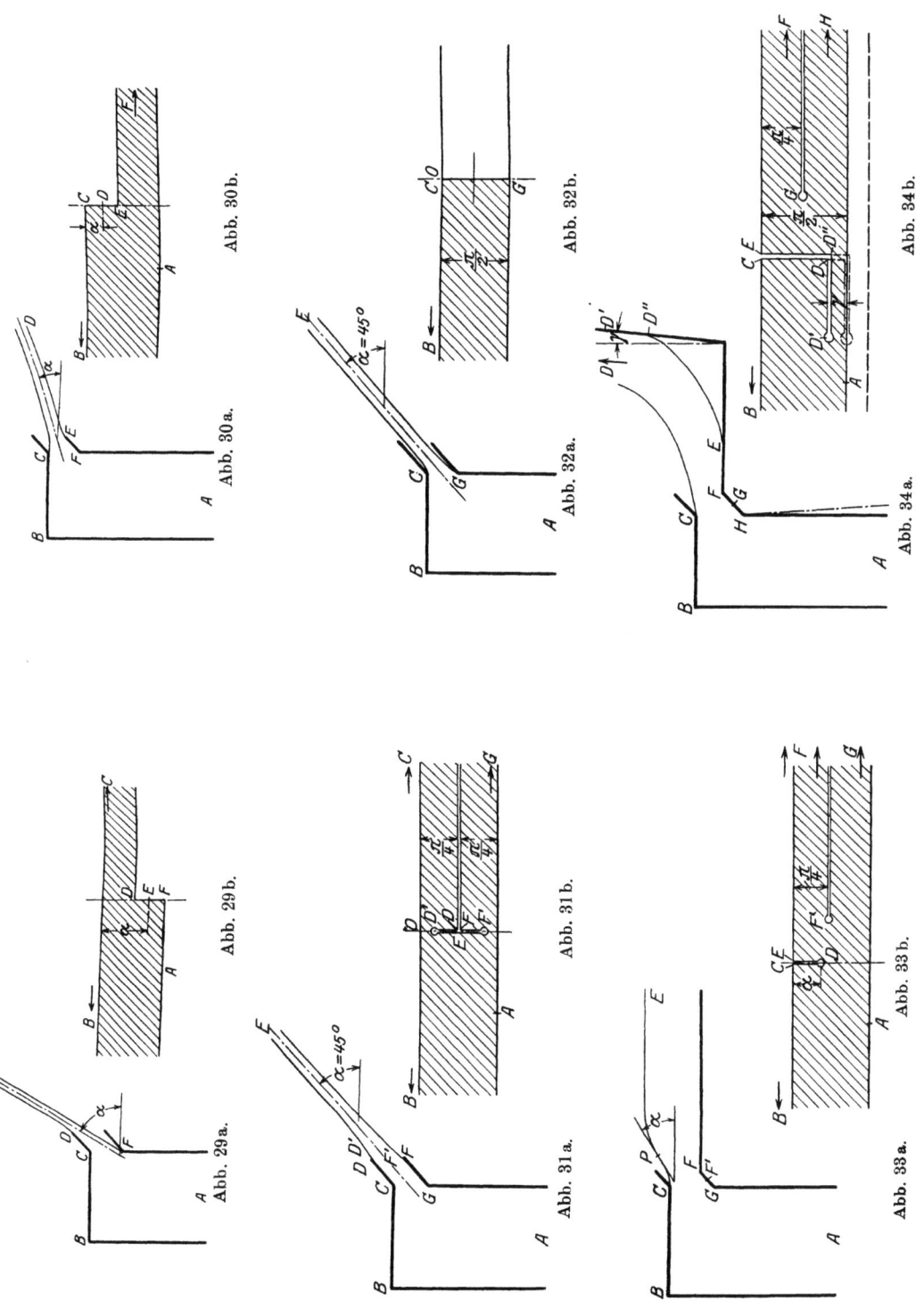

24 Dr.-Ing. Bruno Eck: Strömungserscheinungen in Ventilen.

Kegelventil.

Die große Verwendung von Kegelventilen in der Maschinentechnik, die gegenüber den Ebensitzventilen viel leichter zu dichten sind, legt den Gedanken nahe, auch die dort auftretenden Strömungen des näheren zu untersuchen. Schrenk fand hier auch ganz charakteristische Strömungsformen, die an gewissen Grenzen Instabilitäten aufweisen. Es sei im folgenden die $\ln w$-Ebene derartiger Strömungen aufgezeichnet, die sofort zeigen, daß derartige Berechnungen wohl möglich, jedoch sehr langwierige Rechnungen erfordern würden, weshalb auf die Weiterverfolgung der Theorie in diesem Sinne verzichtet wurde. Die von Schrenk gefundenen Strömungen mit den zugehörigen $\ln w$-Ebenen seien im folgenden kurz aufgezeichnet. (Abb. 29, 30, 31, 32, 33.)

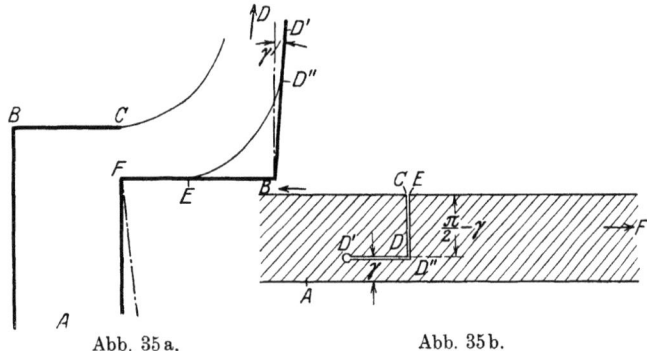

Abb. 35a. Abb. 35b.

Es sei noch erwähnt, daß es auch möglich ist, den Einfluß der Wand zu berücksichtigen, wobei sich allerdings die merkwürdige Tatsache ergibt, daß dann die Außenwand oder die innere Ventilwand einen größeren Winkel als $90°$ mit der Horizontalen einschließen muß; sonst erhält man nämlich für die Grenzlinien keine unendlich benachbarten Stromlinien (Abb. 34, 35).

Gastheoretische Deutung der Reynoldsschen Kennzahl.

Von Professor Dr. Th. v. Kármán.

In fast allen hydro- und aerodynamischen Aufgaben, bei welchen sowohl die Trägheit als die Reibung der Flüssigkeit bzw. des Gases eine Rolle spielt, tritt als wesentlicher Parameter die sog. „Reynoldssche Kennzahl" auf. Betrachten wir z. B. den Widerstand gegen die gleichförmige Translationsbewegung eines festen Körpers, so kann man aus den Differentialgleichungen, welche für die Bewegung der Flüssigkeit gelten, leicht herleiten, daß der Strömungszustand bei geometrisch ähnlichen Widerstandskörpern ähnlich bleibt, falls die Verhältniszahl $\frac{U d \varrho}{\mu}$ (U = Geschwindigkeit des Körpers, d = eine lineare Dimension desselben, ϱ = Dichte der Flüssigkeit, μ = Koeffizient der inneren Reibung) denselben Wert hat. Bezieht man — wie üblich — den Widerstand auf die Stirnfläche f des Körpers und auf den Staudruck $\frac{\varrho U^2}{2}$, so wird die Widerstandsziffer φ in der Formel

$$W = \psi f \frac{\varrho U^2}{2}$$

eine Funktion der Kennzahl $R = \frac{U d \varrho}{\mu}$.

Zur Erklärung der Reynoldsschen Kennzahl pflegt man zumeist anzuführen, daß sie die einzige dimensionslose Kombination aus den physikalischen Konstanten ϱ und μ einerseits und aus den Bestimmungsgrößen: Geschwindigkeit und Körperabmessung andererseits darstellt. Fernerhin kann man anführen, daß sie ein Maß für das Größenverhältnis der entstehenden Massen- und Reibungskräfte liefert, indem die ersteren mit dem Staudruck $\frac{\varrho U^2}{2}$, die letzteren mit $\frac{\mu U}{d}$ wachsen. (Die Reibung ist gleich Reibungskonstante ×senkrechtes Gefälle der Geschwindigkeit; das Gefälle ist jedoch bei ähnlich bleibender Strömung der Geschwindigkeit direkt und der Körperabmessung umgekehrt proportional.)

Neben diesen rein hydrodynamischen Deutungen, zu welchen noch die durch v. Mises gegebene Deutung als „reduzierte Geschwindigkeit" hinzuzufügen wäre, hat es vielleicht gewisses Interesse, daß man zu einer recht anschaulichen Darstellung gelangt, wenn man — wenigstens für ideale Gase — auf die gastheoretische Herleitung des Reibungskoeffizienten zurückgreift.

Die kinetische Theorie der Gase deutet die innere Reibung als „Impulstransport" quer zur Strömungsrichtung. Legen wir ein Flächenelement von der Flächengröße Eins tangentiell zur Strömungsgeschwindigkeit v, so ist die Reibung pro Flächeneinheit, d. h. die Schubspannung, gleich der nach der Strömungsrichtung gerichteten Impulsmenge, welche in der Zeiteinheit durch die Fläche durchtritt. Um diesen Impulstransport zu berechnen, kann man sich folgender vereinfachten Betrachtungsweise bedienen:

Wir denken uns je eine Schicht von der Dicke der „mittleren Weglänge" λ auf beiden Seiten des Flächenelements; dieser Raum repräsentiert uns dann den Bereich, innerhalb dessen der Impulstransport erfolgt. Bezeichnen wir die mittlere Molekulargeschwindigkeit der thermischen Agitation mit c, so ist die nach beiden Richtungen sekundlich transportierte Gasmenge proportional $c\varrho$. Ist das Gefälle der Geschwindigkeit $\dfrac{\partial v}{\partial n}$ senkrecht zum Flächenelement von Null verschieden, so führt die Gasmenge, welche von der nach wachsender Strömungsgeschwindigkeit gelegenen Seite herstammt, eine größere Impulsmenge mit sich. Die mittlere Geschwindigkeit beträgt in der Schicht von der Dicke λ auf der Seite der positiven Normalen offenbar $v + \dfrac{\partial v}{\partial n}\dfrac{\lambda}{2}$, auf der entgegengesetzten Seite $v - \dfrac{\partial v}{\partial n}\dfrac{\lambda}{2}$, so daß der Überschuß an durchtretendem Impuls $c\varrho\lambda\dfrac{\partial v}{\partial n}$ proportional ist. Nun setzt man die Schubspannung nach dem phänomenologischen Ansatz

$$\tau = \mu\frac{\partial v}{\partial n},$$

so daß die Reibungskonstante bis auf einen Zahlenfaktor, welcher lediglich von der Art der Mittelwertbildung abhängt, gleich $\varrho c \lambda$ wird.

Führen wir diesen Ausdruck in die Reynoldssche Kennzahl ein, so sehen wir, daß wir diese ersetzen können durch das Produkt zweier Verhältniszahlen

$$R' = \frac{U}{c}\cdot\frac{d}{\lambda},$$

d. h. durch das Produkt der Verhältniszahl zwischen **Translationsgeschwindigkeit** U und **Molekulargeschwindigkeit** c mit der Verhältniszahl zwischen **Körperabmessung und mittlerer Weglänge**.

Die vollständige Diskussion des Widerstandsproblems gestaltet sich alsdann etwa wie folgt:

a) **Bereich der Brownschen Bewegung**: $\dfrac{U}{c} \ll 1$, $\dfrac{d}{\lambda} \sim 1$. Die Translationsgeschwindigkeit ist klein gegen die Molekulargeschwindigkeit, die Körperabmessung ist vergleichbar mit der molekularen Weglänge. Bekanntlich ist die Stokessche Widerstandsformel in diesem Falle nicht mehr stichhaltig und bedarf der Korrektion mit gastheoretischen Hilfsmitteln (z. B. Formel von Cunningham).

b) **Hydro(aero)dynamischer Bereich**: $\dfrac{U}{c} \ll 1$, $\dfrac{d}{l} \gg 1$. — Es gelten die Differentialgleichungen der Hydrodynamik. Für die Strömungsform und das Widerstandsgesetz ist lediglich das Produkt $R' = \dfrac{U d}{c \lambda}$, d. h. die Reynoldssche Kennzahl maßgebend. Der Strömungszustand ist bei kleinen Werten von R' durch die Reibung bestimmt (Stokessches, lineares Widerstandsgesetz), bei wachsender Kennzahl folgt zunächt Übergang in eine nichtstationäre Wirbelströmung mit regelmäßiger Periodizität (Wirbelstraßen, nahezu quadratisches Widerstandsgesetz mit den „großen Koeffizienten"), schließlich meist nach plötzlichem Umschlag (kritischer Punkt) eine unregelmäßige, im Mittel stationäre Strömungsform (turbulente Strömung, quadratisches Widerstandsgesetz mit den „kleinen Koeffizienten").

c) **Ballistischer Bereich**: $\dfrac{U}{c} \sim 1$, $\dfrac{d}{\lambda} \gg 1$. — Die Translationsgeschwindigkeit ist von derselben Größenordnung wie die Molekulargeschwindigkeit, oder — was auf dasselbe herauskommt — die Schallgeschwindigkeit. Für die Strömungsform sind die thermischen Vorgänge mitbestimmend. Man kann daher sagen, daß die eigentliche Hydro- oder Aerodynamik nur im Fall b) ausreicht. Sowohl im Fall a) wie im Fall c) muß die Thermodynamik eingreifen; nur im ersten Fall müssen wir auf ihre molekulartheoretische Fassung zurückgreifen, während im letzten Fall die phänomenologischen Ansätze ausreichen.

Über die Stabilität der Laminarströmung und die Theorie der Turbulenz.

Von

Professor Dr. Th. v. Kármán.

I.

Das Wesen der turbulenten Flüssigkeitsbewegung hat O. Reynolds[1]) durch die Feststellung gekennzeichnet, daß bei einer Flüssigkeitsströmung, welche scheinbar, d. h. im Mittel in parallelen Stromfäden erfolgt, eine Übertragung tangentieller Kräfte außer durch innere Reibung durch Impulstransport stattfindet. Wenn die mittlere Strömungsrichtung mit der x-Achse zusammenfällt und die Komponenten der Schwankungsgeschwindigkeit mit u, v, w bezeichnet werden, so ist die in der xz-Ebene durch Impulstransport übertragene Tangentialkraft, bezogen auf die Flächeneinheit:

$$\tau = -\varrho \overline{uv}$$

(ϱ = Dichte der Flüssigkeit, $\overline{uv}$ Mittelwert des Produktes uv). Es besteht also eine Analogie zwischen dem Mechanismus der turbulenten Kraftübertragung und dem molekularen Mechanismus der inneren Reibung, welche bekanntlich ebenfalls im Impulstransport ihren Ursprung hat, indem sie aus dem bei der thermischen Bewegung auftretenden Impulstransport hergeleitet wird. Wir gelangen — wie bereits O. Reynolds betont hat — zu zwei Systemen überlagerter, ungeordneter Bewegungen, welche wir als die thermische Unordnung und die turbulente Unordnung bezeichnen können.

Fassen wir eine bestimmte geometrische Anordnung ins Auge, so ist der Strömungszustand einer Flüssigkeit bekanntlich von der sog. Reynoldsschen Kennzahl abhängig, welche Zahl lediglich ein Maß für das Verhältnis der Trägheitskräfte zu den reinen Reibungskräften bildet. Der Begriff der Reynoldsschen Kennzahl wird besonders anschaulich, wenn man statt des Reibungskoeffizienten die ursprünglichen molekularen Größen einführt. Als Reynoldssche Kennzahl wird die dimensionslose Größe $\dfrac{U \varrho d}{\mu}$ bezeichnet (U = Strömungsgeschwindigkeit an einer kennzeichnenden Stelle der Anordnung, d ein Längenmaß der Anordnung, ϱ = Dichte, μ = Reibungskoeffizient). Nun ist z. B. nach der kinetischen Theorie der Gase $\mu = \mathrm{const}\, \varrho \lambda c$, wobei λ die molekulare Weglänge, c die mittlere Molekulargeschwindigkeit bezeichnet[2]). Wir erhalten daher:

$$R = \mathrm{const}\, \frac{d}{\lambda}\, \frac{U}{c}.$$

Die Kennzahl erscheint im wesentlichen als Produkt zweier Verhältniszahlen, der Verhältniszahl zwischen der kennzeichnenden Abmessung der Anordnung d und der molekularen

---

[1]) O. Reynolds, London: Phil. Trans. Bd. 174, S. 935. 1883. — An Literaturangaben werden im folgenden nur die wichtigsten angegeben. Eine ziemlich vollständige Zusammenstellung der Literatur über Turbulenz findet man bei F. Noether, Z. ang. Math. Mech. Bd. 1, S. 125 u. 218. 1921.

[2]) Vgl. auch S. 24 dieser Abhandlungen.

Weglänge λ einerseits und der Verhältniszahl zwischen Strömungsgeschwindigkeit U und Molekulargeschwindigkeit c anderseits. Bei aero- und hydrodynamischen Problemen ist im allgemeinen d sehr groß gegen λ; ist $\dfrac{d}{\lambda}$ von der Größenordnung Eins, so kommen wir in ein Gebiet, wo die hydrodynamischen Gleichungen zur Beschreibung der Erscheinungen nicht mehr ausreichen (z. B. Brownsche Bewegung, Fallbewegung sehr kleiner Körperchen), sondern auf die kinetische Theorie zurückgegriffen werden muß; ist dagegen $\dfrac{U}{c}$ in der Nähe von Eins, so gelangen wir in das Gebiet der Schallgeschwindigkeit, so daß zur Lösung der Bewegungsprobleme thermodynamische Erwägungen herangezogen werden müssen.

Dazwischen liegt das Gebiet der Hydro- und Aerodynamik in engerem Sinne, in welchem wir uns auch bei Behandluug des Turbulenzproblems bewegen, und in welchem alle Erscheinungen aus den Differentialgleichungen der Hydrodynamik erklärt werden müssen.

II.

Zwei Fragestellungen treten in den zahlreichen Arbeiten, die sich mit dem Turbulenzproblem befassen, insbesondere hervor; keine der beiden konnte jedoch bisher ihre befriedigende Lösung finden. Es sind dies die Frage nach den Bedingungen der Entstehung der Turbulenz und die Frage nach den Gesetzmäßigkeiten der ausgebildeten turbulenten Bewegung, namentlich der Abhängigkeit der turbulenten Reibung von Geschwindigkeit und Abmessungen (Widerstandsgesetz der turbulenten Strömung). Die Erfahrung zeigt, daß in den meisten Fällen ein ziemlich plötzlicher Wechsel von der Laminarströmung — gekennzeichnet durch das vollständige Fehlen einer turbulenten Reibungsübertragung — zu dem turbulenten Strömungszustand eintritt. Nimmt man z. B. die Strömung in einem zylindrischen Rohr, so kann die Geschwindigkeit, bei welcher der Übergang stattfindet, wohl vergrößert, d. h. der Umschlag hinausgeschoben werden; es gibt jedoch eine Grenzgeschwindigkeit, richtiger ein Grenzwert der Kennzahl (kritische Kennzahl), unterhalb welcher kein turbulenter Strömungszustand bestehen kann. Anderseits erhält man oberhalb dieses kritischen Wertes nach Überschreitung eines unsicheren Übergangsgebietes scharfe gesetzmäßige Abhängigkeit zwischen Strömungswiderstand und mittlerer Strömungsgeschwindigkeit, ferner eine ganz bestimmte Verteilung des zeitlichen Mittelwertes der Geschwindigkeit über den Querschnitt. Man muß daher schließen, daß sowohl der Wert der kritischen Kennzahl als das Widerstandsgesetz und die Geschwindigkeitsverteilung im turbulenten Zustand in rationeller Weise aus den hydrodynamischen Differentialgleichungen hergeleitet werden müssen.

III.

Die Frage nach den Entstehungsbedingungen der Turbulenz wurde mittels zweier Methoden in Anspruch genommen: mit Hilfe der Methode des Energiekriteriums und mit Hilfe der Methode der kleinen Schwingungen.

Nach der Methode des Energiekriteriums denkt man sich ein System von Strömungsgeschwindigkeiten auf die Laminarströmung überlagert und untersucht, ob die Energie der Störung für den Fall, daß die Flüssigkeit sich selbst überlassen wird, zu- oder abnimmt. Beschränken wir uns auf Strömungen in der xy-Ebene und nehmen als Grundströmung eine Parallelströmung in der x-Richtung zwischen zwei Wänden in der Entfernung $2h$ mit der Geschwindigkeitsverteilung $U(y)$ für $-h < y < h$ an, so kann man leicht zeigen, daß die Zunahme der Störungsenergie — d. h. die von der Hauptströmung in die Störungsbewegung überführte Energiemenge — in der Zeiteinheit durch das Integral $-\varrho \displaystyle\iint \dfrac{dU}{dy} uv\,dx\,dy$ (u, v: Störungsgeschwindigkeiten), die in der Zeiteinheit durch die Reibung absorbierte Energie dagegen durch $\mu \displaystyle\iint \left(\dfrac{\partial u}{\partial y} - \dfrac{\partial v}{\partial x}\right)^2 dx\,dy$ gegeben wird. Die Störung nimmt daher ab,

wenn die Ungleichung gilt:
$$\mu \iint \left(\frac{\partial u}{\partial y} - \frac{\partial v}{\partial x}\right)^2 dx\, dy > -\varrho \iint \frac{dU}{dy} uv\, dx\, dy.$$

H. A. Lorentz[1]) hat dieses Kriterium in der Weise angewendet, daß er Geschwindigkeitsverteilungen angenommen hat, bei welchen der Mittelwert $\overline{uv}$ möglichst große Werte bei gleichbleibender Dissipation annimmt. Er dachte sich sog. elliptische Wirbel auf die Laminarströmung überlagert; betrachtet man z. B. den Fall zweier bewegter Wände in der Entfernung $2h$, welche sich mit der Geschwindigkeit U bzw. $-U$ bewegen, so lautet das Kriterium, mit $\xi = \frac{x}{h}$, $\eta = \frac{y}{h}$:

$$\iint \left(\frac{\partial u}{\partial \eta} - \frac{\partial v}{\partial \xi}\right)^2 d\xi\, d\eta > -\frac{U\varrho h}{\mu} \iint uv\, d\xi\, d\eta,$$

und man kann einen Mindestwert der Kennzahl $\frac{U\varrho h}{\mu}$ berechnen, bei welchem bei allen Abmessungen und Anordnungsarten der elliptischen Wirbel die Energie abnimmt. Lorentz gelangte durch seinen Ansatz zum Werte: $\frac{U\varrho h}{\mu} = 72$.

Man kann das Energiekriterium — wie es zuerst Orr[2]), dann später, aber unabhängig von ihm, Hamel[3]) und der Referent[4]) ausgeführt haben — dadurch schärfer fassen, daß man sich nicht auf bestimmte Gebilden, wie elliptische Wirbel, beschränkt, sondern beliebige Verteilungen von u und v zuläßt. Man kann die Frage in folgender Weise stellen: bei welcher Verteilung von u, v wird das Verhältnis der beiden Integrale $\dfrac{-\iint uv\, d\xi\, d\eta}{\iint \left(\frac{\partial u}{\partial \eta} - \frac{\partial v}{\partial \xi}\right)^2 d\xi\, d\eta}$

ein Maximum? Das Maximum entspricht offenbar der gefährlichsten Störung und dem Mindestwert der Kennzahl, bei welcher eine Zunahme der Energie möglich ist. Führt man durch den Ansatz:

$$u = \frac{\partial \psi}{\partial \eta}, \quad v = -\frac{\partial \psi}{\partial \xi},$$

die Stromfunktion ψ ein, so lautet die Aufgabe: Es ist das Minimum zu suchen von:

$$J = \iint (\Delta \psi)^2 d\xi\, d\eta,$$

während:

$$-\iint \frac{\partial \psi}{\partial \xi} \frac{\partial \psi}{\partial \eta} d\xi\, d\eta = 1$$

ist, und $\dfrac{\partial \psi}{\partial \xi}$ und $\dfrac{\partial \psi}{\partial \eta}$ an den Wänden verschwinden[5]).

Die Variationsaufgabe führt auf die Differentialgleichung:

$$\Delta \Delta \psi + \lambda \frac{\partial^2 \psi}{\partial \xi\, \partial \eta} = 0,$$

(λ = Lagrangescher Faktor). Beschränkt man sich auf Lösungen, welche in ξ periodisch sind, so kann man ψ in Fourierreihen entwickeln und man erhält die „gefährlichste Wellenlänge" und die gefährlichste Verteilung der Anfangsgeschwindigkeit, d. h. die gefährlichste Wirbelverteilung. Auf ein sehr anschauliches Analogon des so gefaßten Problems

---

[1]) Lorentz, H. A.: Abhandlungen über theor. Physik, Leipzig 1907, S. 43.
[2]) Orr, W. M. F.: Proc. Roy. Irish Academy XXVII (A) S. 124. 1907.
[3]) Hamel, G.: Göttinger Nachrichten 1911.
[4]) Habilitationsvortrag Göttingen 1910 (unveröffentlicht).
[5]) Zur Abkürzung ist geschrieben worden: $\Delta = \dfrac{\partial^2}{\partial \xi^2} + \dfrac{\partial^2}{\partial \eta^2}$.

hat Herr Southwell hingewiesen[1]). Man denke sich einen dünnen unendlich langen elastischen Streifen von der konstanten Breite $2b$ durch Tangentialkräfte beansprucht, welche gleichmäßig längs der beiden parallelen Begrenzungslinien des Streifens verteilt sind. Wir fragen nach der Knickbedingung bei dieser Belastungsanordnung. Daß eine Knickung eintritt, ist dadurch plausibel, daß die gleichmäßige Schubbeanspruchung jedes Elementes als Zug und Druck in zwei senkrechten gegen die Streifenlängsachse unter 45° orientierten Richtungen aufgefaßt werden kann. Es entsteht daher eine Ausknickung bei schiefgerichteter Druckrichtung. Die Differentialgleichung für die Durchbiegung f senkrecht zur Streifenebene ist völlig analog der obigen Gleichung für ψ, die Randbedingungen decken sich ebenfalls, wenn wir die Platte als längs der parallelen Ränder eingeklemmt annehmen, so daß die Niveaulinien der ausgeknickten Fläche gleichzeitig die Stromlinien der schiefgestellten Wirbel, welche sich auf die Grundströmung überlagern, darstellen. Als Parameter tritt die Größe $\dfrac{b^2 S}{D}$ auf (S = Schubkraft pro Längeneinheit, D = Biegungssteifigkeit des Streifens) und der numerische Wert, den man für diese Größe erhält, ist identisch mit dem der Reynoldsschen Kennzahl in dem analogen hydrodynamischen Problem. (Nach unserer Definition von R ist $R = \dfrac{2 b^2 S}{D}$).

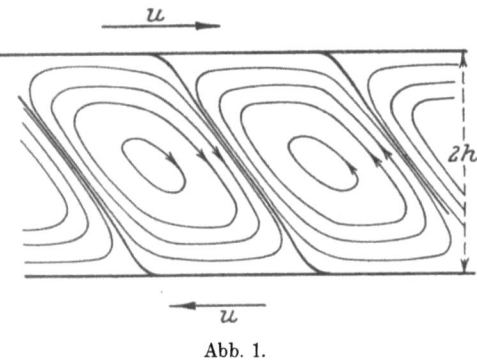

Abb. 1.

Die genauere Fassung des Energiekriteriums mußte einen geringeren Wert ($R_k = 44{,}2$) für die kritische Kennzahl liefern, als die Lorentzsche Rechnung, da das exakte Minimum von J naturgemäß geringer ist als der Lorentzsche Wert, bei dessen Ermittlung die „Konkurrenz" für die Funktion ψ durch die spezielle Wahl der elliptischen Wirbelverteilung beschränkt wurde. Der Lorentzsche Wert war bereits viel zu niedrig gegen den Erfahrungswert, durch das exakte Minimum wurde die Diskrepanz noch größer. Nun liefert das Energiekriterium offenbar nur eine untere Schranke für die Stabilitätsgrenze in dem Sinne, daß bei kleineren Kennzahlen jede von der Grundströmung verschiedene Wirbelverteilung unbedingt abgedämpft wird; für größere Kennzahlen kann man nur so viel schließen, daß es Verteilungen gibt, bei welchen im ersten Augenblick ein Zuwachs der Strömungsenergie entsteht; es ist aber keineswegs gesagt, daß im weiteren Verlauf die Energie nicht aufgezehrt wird. Entsprechend dieser Überlegung konnte man hoffen, daß durch die Methode der kleinen Schwingungen eine bessere Übereinstimmung erzielt werden kann.

IV.

Die Schwingungsmethode ist zur Untersuchung der Stabilität der Laminarströmung bereits durch Lord Rayleigh[2]) und Lord Kelvin[3]) angewendet worden, allerdings teilweise nicht mit den exakten Randbedingungen für die überlagerte Strömung. Anläßlich eines vor dem Mathematikerkongreß in Rom gehaltenen Vortrages hat A. Sommerfeld[4]) die Frage wieder angeschnitten und die exakte mathematische Formulierung des Problems gegeben. Seiner Anregung folgte eine Reihe von Arbeiten [L. Hopf[5]), R. v. Mises[6]), O. Haupt[7])],

---

[1]) Vgl. Southwell, R. V., und S. W. Skan: Proc. Roy. Soc. A 105, S. 582. 1924 und Southwell, R. V.: Note on the Stability under Shearing Forces of a Flat Elastic Strip.
[2]) Rayleigh: Proc. London Math. Soc. X, S. 4. 1878 und XI, S. 57. 1880.
[3]) Kelvin: Phil. Mag. (5) 1887; vgl. auch Orr a. a. O.
[4]) Sommerfeld, A.: Atti del congr. intern. dei Mat. Roma 1908.
[5]) Hopf, L.: Ann. Physik. Bd. 43. 1914.
[6]) Mises, R. v.: Heinrich Weber-Festschrift 1912, S 252.
[7]) Haupt, O.: Sitzungsber. bayr. Akademie d. Wiss. 1912, S. 289.

welche den Nachweis erbrachten, daß wenigstens im sog. Couetteschen Fall zweier gegeneinander bewegter paralleler Wände, die Laminarströmung im Sinne der Theorie der kleinen Schwingungen stabil ist. In diesem Falle hat die Schwingungsmethode statt das Energiekriterium zu verschärfen und mit der Erfahrung in Einklang zu bringen, zu einem negativen Ergebnis geführt.

Diese exakten Untersuchungen haben sich leider auf den Fall linearer Geschwindigkeitsverteilung beschränkt[1]), so daß es eine offene Frage blieb, ob die Verhältnisse bei nicht linearer Verteilung, z. B. im Falle einer Strömung zwischen zwei festen ruhenden Wänden (Poiseuillescher Fall) die gleiche sind, oder ob in diesem Falle doch eine Labilität auftreten kann. Die oben erwähnten mathematischen Diskussionen sind zu verwickelt, um die Verhältnisse physikalisch übersehen zu können.

L. Prandtl[2]) versuchte eine Einsicht in die physikalischen Beziehungen zu gewinnen, indem er von dem Grenzfalle der reibungslosen Flüssigkeit ausging und den Einfluß einer geringen Reibung diskutierte. Seinen Ausgangspunkt bildeten die Rechnungen Lord Rayleighs[3]) über kleine Schwingungen bei reibungslosen Flüssigkeiten. Er bemerkte zunächst, daß zwischen dem Couetteschen und dem Poiseuilleschen Fall ein wesentlicher Unterschied besteht: der zweite ist bei Annahme der Reibungslosigkeit schwingungsfähig, während dem ersten diese Eigenschaft nicht zukommt. Genauer gesagt: wenn wir in den Schwingungsgleichungen die Reibungsglieder streichen und die Lösungen betrachten, welche der Randbedingung genügen, daß die zur Wand senkrechten Geschwindigkeitskomponenten verschwinden, so finden wir bei der parabolischen Grundverteilung ungedämpfte Schwingungen, während es in dem linearen Fall solche nicht gibt. Diese ungedämpften Schwingungen ergeben naturgemäß in der Wandrichtung auch an der Wand im allgemeinen von Null verschiedene Geschwindigkeitskomponenten, da bei völlig fehlender Reibung kein Grund zur Haftung der Flüssigkeit besteht. Nehmen wir aber eine beliebig geringe Reibung an, so müssen diese Geschwindigkeitskomponenten verschwinden. Prandtl nahm in Einklang mit seiner bekannten Grenzschichtmethode an, daß der Einfluß der Reibung sich auf die unmittelbare Nähe der Wand beschränkt, und untersuchte die Einwirkung der Reibung auf die oben gekennzeichneten Schwingungen. Er erhielt ein zunächst überraschendes Ergebnis: es ergab sich eine Labilität, die bei völliger Vernachlässigung der Reibung ungedämpften Schwingungen werden unter dem Einfluß der Reibung nicht gedämpft, sondern angefacht. Die Frage mußte daher umgekehrt wie bisher gestellt werden; man mußte nach der Quelle der Dämpfung suchen, da doch erfahrungsgemäß die Strömung bei Kennzahlen etwa unter 2000 stabil ist. Man sieht jedoch leicht ein, daß es außer der Wand noch eine Schicht gibt, in welcher die Reibung bei noch so geringem Reibungskoeffizienten nicht vernachlässigt werden kann: die Schicht, in welcher die Geschwindigkeit der Grundströmung gerade gleich der Fortpflanzungsgeschwindigkeit der Schwingungen ist. Prandtl zeigte durch Abschätzungen, daß die Anfachung der Schwingungen in der Wandnähe mit $\frac{1}{\sqrt{R}}$, die Dämpfung in der zuletzt erwähnten Schicht mit $\frac{1}{R^{2/3}}$ proportional ist, so daß bei sehr großer Kennzahl die Anfachung, bei abnehmender Kennzahl dagegen die Dämpfung überwiegt. Bei der Couetteschen Strömung versagt diese Überlegung, weil die beiden Schichten zusammenfallen, indem für $R = \infty$ die Störung mit der Wandgeschwindigkeit fortschreitet. So kann man verstehen, daß in diesem Falle für alle Werte von R die Dämpfung überwiegt.

Die Prandtlschen Betrachtungen geben der Annahme gewisse Wahrscheinlichkeit, daß während die Couettesche Strömung immer stabil ist, bei der Poiseuilleschen Strömung ein kritischer Wert der Kennzahl auftreten kann. Diese Annahme bekräftigen auch die

---

[1]) Eine Abänderung der Geschwindigkeitsverteilung der Strömung zwischen zwei parallel bewegten Wänden, welche Noether (Sitzungsber. bayr. Akademie d. Wiss. 1913, S. 309) vorgenommen hat, führte nach dem Nachweis von O. Blumenthal (ebenda S. 563) ebenfalls zu negativem Ergebnis.

[2]) Prandtl, L.: Phys. Z. Bd. 23, S. 19. 1922; vgl. auch O. Tietjens: Diss. Göttingen, 1922.

[3]) Lord Rayleigh: Proc. London Math. Soc. XIX, S. 67. 1887.

seitdem veröffentlichten Rechnungen W. Heisenbergs[1]), deren Annäherungsmethode an Legitimität allerdings nicht über jeden Zweifel erhaben ist. Ferner bleibt der Widerspruch zu lösen, daß für die beiden Fälle die Theorie ganz entgegengesetztes Verhalten der kleinen Schwingungen voraussagt, die experimentellen Tatsachen auf völlige Übereinstimmung in bezug auf den Übergang von der Laminarströmung zum turbulenten Zustand deuten. Obwohl bemerkt werden könnte, daß der Couettesche Fall beim Versuch nicht genau verwirklicht wurde, indem statt paralleler Wände koaxiale Zylinder verwendet und so der Einfluß der Enden und damit dreidimensionale Schwingungen nicht ausgeschaltet worden sind, so scheint es mir doch, daß die Schwingungsmethode wenig geeignet ist, den physikalischen Sachverhalt vollständig zu klären.

V.

Noch wichtiger als das Problem der Entstehung der Turbulenz ist vom praktischen Standpunkte aus die Frage nach den Gesetzmäßigkeiten des ausgebildeten turbulenten Strömungszustandes, namentlich nach dem Widerstandsgesetz. Wir wollen die wichtigsten empirischen Tatsachen kurz zusammenfassen:

Am genauesten sind die Verhältnisse bei Strömung von Flüssigkeiten in zylindrischen Rohren bekannt. Zunächst beschränken wir uns auf den Fall vollkommen glatter Wände, da in diesem Fall das Reibungsgesetz nur die Reynoldssche Kennzahl als Parameter enthalten kann, während bei rauhen Rohren mindestens noch eine zweite Kenngröße, z. B. das Verhältnis der Rauhigkeitserhebungen der Wand zum Durchmesser in Betracht kommt. Nach der Zusammenstellung von H. Blasius[2]) ist der Druckabfall in kreisförmigen Rohren in einem großen Kennzahlbereich durch die Formel gegeben (l = Länge, d = Durchmesser, v = mittlere Geschwindigkeit):

$$h = 0{,}316 \frac{l}{d} \frac{\frac{v^2}{2g}}{\sqrt[4]{\frac{vd}{\nu}}},$$

woraus die Reibungskraft, bezogen auf die Flächeneinheit, sich berechnet zu:

$$\tau = 0{,}079 \frac{1}{\sqrt[4]{\frac{vd}{\nu}}} \gamma \frac{v^2}{2g}.$$

Fromm[3]) hat die Formel für die Strömung in breiten Rinnen, also angenähert zwischen zwei parallelen Wänden, gut bestätigt gefunden, wobei der Zahlenkoeffizient auch fast identisch bleibt, wenn man statt $\frac{d}{4}$ den sog. hydraulischen Radius der Rinne einführt.

Es ist nun eine grundlegende Frage, ob diese scheinbar so einfache Formel (wir wollen, da der Strömungswiderstand mit der $7/4$ ten Potenz der Geschwindigkeit zunimmt, die in der Formel enthaltene Gesetzmäßigkeit schlechthin als $7/4$-Gesetz bezeichnen) nur die Bedeutung einer in gewissem Bereich gut annähernden Interpolationsformel besitzt, oder aber eine rationell begründete Gesetzmäßigkeit darstellt. Für beide Auffassungen gibt es Gründe. So sprechen für die zweite Auffassung die Folgerungen, welche man aus dem Widerstandsgesetz bezüglich der Geschwindigkeitsverteilung ziehen kann. Unter der Annahme, daß mit wachsender Kennzahl die Geschwindigkeitsverteilung ähnlich bleibt, und in der Nähe der Wand durch die physikalischen Konstanten ϱ, μ und durch die Randspannung τ_0 vollständig bestimmt ist, folgt aus Dimensionsgründen[4]):

$$u(y) = \text{const} \left(\frac{\tau_0}{\varrho}\right)^{4/7} \left(\frac{y}{\nu}\right)^{1/7}, \quad \ldots \ldots \ldots \ldots (A)$$

---

[1]) Heisenberg, W.: Ann. Physik. Bd. 74, S. 577. 1924.
[2]) Blasius, H.: Forschungsarbeiten, herausgeg. v. V. d. I., Heft 131. 1913.
[3]) Fromm, K.: Z. ang. Math. Mech. Bd. 3, S. 339. 1923.
[4]) Kármán, Th. v.: Z. ang. Math. Mech. Bd. 1, S. 233. 1921; oder Vorträge aus dem Gebiete der Hydro- und Aerodynamik, Innsbruck 1922, S. 136 ff.

wobei y die senkrechte Entfernung von der Wand bedeuten soll. Diese Formel für die Geschwindigkeitsverteilung findet man durch Messungen bekräftigt. Auch die Übertragung der Widerstandsformel auf etwas kompliziertere Fälle (Platte in der unendlichen Flüssigkeit, rotierende Scheibe) mit Hilfe dieser Geschwindigkeitsverteilung findet man gut bestätigt. Andererseits aber zeigen die unmittelbaren Messungen des Reibungswiderstandes bei wachsender Kennzahl Abweichungen von dem Blasiusschen Gesetz; sowohl die Messungen von Stanton und Pannell[1]) als jene von Jakob und Erk[2]) zeigen die Tendenz eines Überganges zum quadratischen Gesetz, etwa analog zu dem Widerstandsgesetz, welches den Bewegungswiderstand eines Körpers in der Flüssigkeit bestimmt. Allerdings kann man einen Ausweg darin finden, daß bei sehr großen Kennzahlen jedes Rohr als rauh zu betrachten ist; bekannterweise gehorcht der Reibungswiderstand rauher Wände bei genügend großer Kennzahl stets dem quadratischen Gesetz. Man kann sich dies durch die Vorstellung plausibel machen, daß der Reibungswiderstand rauher Wände sich schließlich aus den Einzelwiderständen der Erhebungen zusammensetzt und diese bei großer Kennzahl von der Reibung unabhängig werden. Die Rauhigkeit der Wand ist offenbar eine relative Eigenschaft; als glatt kann eine Wand nur solange gelten, als ihre Unebenheiten klein sind gegen die Größe der „Wirbel", welche die turbulente Impulsübertragung von der Nähe der Wand ins Innere der Flüssigkeit besorgen. An der Wand selbst hat man offenbar nur laminare Reibung, weil beide Geschwindigkeitskomponenten und daher der Mittelwert $\overline{uv}$ verschwinden. Die Vorstellung, daß unmittelbar an der Wand eine Laminarschicht vorhanden ist, ist schon aus dem Grund notwendig, weil die Geschwindigkeitsverteilung nach Formel (A) für $\dfrac{du}{dy}$ einen unendlichen Wert an der Wand, d. h. unendliche Reibung ergeben würde. Man kann auch aus der Beziehung $\tau = \mu \dfrac{du}{dy}$ die ungefähre Dicke der Laminarschicht abschätzen[3]) und es zeigt sich, daß dieselbe bei den Messungen, welche Abweichungen vom $^7/_4$-Gesetz zeigen, von derselben Ordnung ist, wie die Unebenheiten der technisch als glatt betrachteten Wände.

Es bleibt daher die Möglichkeit bestehen, daß das $^7/_4$-Gesetz für den Reibungswiderstand ein exaktes Gesetz für den Grenzfall ideal glatter Wände darstellt[4]).

VI.

Wie auch das richtige Widerstandsgesetz lauten mag, so unterliegt es keinem Zweifel, daß die Gesetze des turbulenten Gleichgewichtszustandes aus den Bewegungsgleichungen einer inkompressiblen, zähen Flüssigkeit ohne weitere empirischen Annahmen hergeleitet werden sollten. Man kann sich zunächst denken, daß diese Gleichungen — entsprechend ihrem nichtlinearen Charakter — außer ihrer trivalen Lösung, welche die Laminarströmung darstellt, eine zweite nichtstationäre, etwa periodische Lösung besitzen. Die Beobachtung der Vorgänge scheint indessen dieser Vermutung zu widersprechen; man hat vielmehr den Eindruck eines ungeordneten Bewegungszustandes, so daß die empirisch festgestellten einfachen Gesetzmäßigkeiten wahrscheinlich den Charakter statistischer Gesetze tragen.

---

[1]) Stanton, T. E., und J. R. Pannell: Phil. Trans. Roy. Soc. London (A) Bd. 214, S. 199. 1914; vgl. auch Ch. H. Lees: Proc. Roy. Soc. London (A) Bd. 91, S. 46. 1915.

[2]) Jakob, M., und S. Erk: Forschungsarbeiten herausgeg. v. V. d. I., Heft 267. 1924.

[3]) Latzko, H.: Z. ang. Math. Mech. Bd. 1, 1921, S. 289, Fußnote [1]).

[4]) Schwer vereinbar sind allerdings mit dieser Auffassung die Messungen von G. Kempf (Werft, Reederei und Hafen, Bd. 5, S. 521. 1924; vgl. auch: Über den Reibungswiderstand von Flächen verschiedener Form, diese Verhandlungen, Vorträge der III. Sektion) mit langen Platten. Kempf findet, daß bei sehr großen Kennzahlen die Oberflächenreibung von Platten, welche zur Strömungsrichtung parallel gestellt angeströmt werden, mit der Plattenlänge proportional wird, genauer gesagt „daß neu hinzugefügte gleiche Flächen gleiche Reibungskraft erfahren", während nach dem $^7/_4$-Gesetz die Reibungskraft pro Flächeneinheit mit der Plattenlänge abnimmt. Da die Grenzschichtdicke in der Strömungsrichtung eher wächst als abnimmt, kann dies durch Rauhigkeitseffekte nicht erklärt werden. (Vgl. auch Stanton und Marshall, Trans. Inst. Naval Arch. 1924; Shigemitsu, ebenda.)

Eine Abschätzung des turbulenten Strömungswiderstandes hat auf Grund dieser Vorstellung zuerst Herr Burgers[1]) gegeben. Er hat vor allem dem Widerstandsgesetz eine Form gegeben, in welcher die Beziehung zwischen Geschwindigkeit und Schubkraft nur bestimmte, aus den Komponenten der Schwankungsgeschwindigkeit gebildeten, Mittelwerte enthält. Wir betrachten wieder den Fall zweier paralleler Wände, in der Entfernung $2h$, welche sich mit der Geschwindigkeit $\pm U$ bewegen. Die mittlere Geschwindigkeit in einer Schicht $y = $ const sei $u_0(y)$, die Schwankungsgeschwindigkeit u, v. Alsdann gilt für die von Schicht zu Schicht übertragene Tangentialkraft τ, bezogen auf die Flächeneinheit:

$$\tau = \mu \frac{du_0}{dy} - \varrho \,\overline{u\,v}.$$

Andererseits gilt die Energiebilanz zwischen der durch Reibung in der Nebenbewegung verzehrten Energie und der Energiemenge, welche von der mittleren Bewegung in die Nebenbewegung sekundlich übertritt:

$$\int_{-h}^{h} \frac{du_0}{dy} \varrho \,\overline{uv}\, dy + \int_{-h}^{h} \mu \overline{\left(\frac{\partial u}{\partial y} - \frac{\partial v}{\partial x}\right)^2} dy = 0.$$

Wenn wir aus den beiden Gleichungen $\dfrac{du_0}{dy}$ eliminieren, so erhalten wir:

$$\int_{-h}^{h} \left\{\varrho^2 (\overline{uv})^2 + \tau \varrho \,\overline{uv} + \mu^2 \overline{\left(\frac{\partial u}{\partial y} - \frac{\partial v}{\partial x}\right)^2}\right\} dy = 0,$$

oder daraus die Reibungskraft:

$$\tau = - \frac{\displaystyle\int_{-h}^{h} \left\{\varrho^2 (\overline{uv})^2 + \mu^2 \overline{\left(\frac{\partial u}{\partial y} - \frac{\partial v}{\partial x}\right)^2}\right\} dy}{\displaystyle\int_{-h}^{h} \varrho \,\overline{uv}\, dy}.$$

Wenn wir noch hinzufügen, daß:

$$U = \frac{1}{2} \int_{-h}^{h} \frac{du_0}{dy} dy = \frac{\tau}{\mu} h + \frac{1}{2\,\nu} \int_{-h}^{h} \overline{uv}\, dy$$

beträgt, so ist offenbar das Widerstandsgesetz bekannt, sobald wir die Integrale:

$$\int_{-h}^{h} \overline{uv}\, dy, \quad \int_{-h}^{h} (\overline{uv})^2\, dy, \quad \int_{-h}^{h} \overline{\left(\frac{\partial u}{\partial y} - \frac{\partial v}{\partial x}\right)^2} dy$$

kennen.

Herr Burgers wertet die Integrale unter Zugrundelegung derselben elliptischen Wirbel aus, welche Lorentz zur Berechnung der kritischen Kennzahl herangezogen hat. Diese sind durch ihre Flächengröße (Durchmesser), Exzentrizität und Schieflage gekennzeichnet; diese Größen sind zunächst unbekannt. Man kann daher das Widerstandsgesetz ohne weitere Annahme nicht ermitteln. Herr Burgers hat jedoch untersucht, bei welcher Größe und Gestalt der Wirbel der Widerstand bei gegebener Wandgeschwindigkeit einen Größtwert annimmt. Diese Bedingung bestimmt die mittlere Größe der Wirbel oder wenn man annimmt, daß alle Wirbel eine Minimalgröße überschreiten, die untere Schranke für die Wirbelgröße, ferner deren Intensität, Schieflage und Exzentrizität, so daß man das Widerstandsgesetz vollständig kennt. Es ergibt sich für den ersten Fall (gleiche Wirbel) $\tau = $ const $U^{7/2}$,

---

[1]) Burgers, J. M.: Verslagen der Kon. Akad. v. Wetensch. Amsterdam Bd. 32, S. 574. 1923; vgl. auch Vorträge aus dem Gebiete der Hydro- und Aerodynamik, Innsbruck 1922, S. 143.

für den zweiten Fall $\tau = \text{const}\, U^2$. Indessen sind die Werte sehr verschieden von den gemessenen Reibungskräften, namentlich liefert die erste Formel viel zu kleine, die zweite Formel viel zu große Werte.

VII.

Ich habe nun versucht, ohne die Extremalbedingung (möglichst größter Widerstand) auszukommen und den Begriff der Wahrscheinlichkeit der Verteilung in Anlehnung an die kinetische Gastheorie einzuführen. In den folgenden Zeilen möchte ich den Gedankengang einer solchen statistischen Berechnung des turbulenten Bewegungszustandes und des turbulenten Strömungswiderstandes skizzieren, allerdings in vollem Bewußtsein, zunächst nichts Abschließendes mitteilen zu können. Ich denke mir wiederum zwei parallele Wände in der Entfernung $2h$, welche sich mit der Geschwindigkeit $\pm U$ bewegen. Ich nehme an, daß der größte Teil der durch die Bewegung der Wände geleisteten Arbeitsmenge in einem mittleren Bereich des Kanals verzehrt wird, und daß man den Strömungszustand in diesem mittleren Bereich angenähert als gleichmäßig betrachten kann. Mit anderen Worten soll die ungeordnete Bewegung durch einen mittleren Zustand ersetzt werden. Die Schwankungswerte der Geschwindigkeitskomponenten bezeichne ich wieder mit u, v. Wären die Werte u, v vollständig dem Zufall überlassen, etwa so, daß nur die Gesamtenergie gegeben ist, so würde der Mittelwert $\overline{uv}$ gleich Null ausfallen. In der Tat ist $\overline{uv}$ von Null verschieden; es besteht eine Korrelation zwischen beiden Größen, welche durch die öfters erwähnte Dissipationsbedingung bestimmt wird.

Wir wollen uns auf eine spezielle Strömungsform beschränken, indem ich, wenigstens in einem Bereich, in welchem wir das Strömungsbild als kohärent betrachten können, Periodizität sowohl in der x- als in der y-Richtung annehme. Ich schreibe einfachheitshalber die Stromfunktion:

$$\psi = A \cos(\alpha x + \beta y),$$

und bilde die Schwankungskomponenten:

$$u = A\beta \sin(\alpha x + \beta y),$$
$$v = -A\alpha \sin(\alpha x + \beta y).$$

Die Mittelwerte, welche uns in erster Linie interessieren, sind:

$$\overline{uv} = -A^2 \frac{\alpha\beta}{2},$$
$$\overline{\left(\frac{\partial u}{\partial y} - \frac{\partial v}{\partial x}\right)^2} = \overline{\Delta \psi^2} = \frac{A^2}{2}(\alpha^2 + \beta^2)^2,$$

und die Energie der Masseneinheit:

$$\frac{1}{2}\overline{(u^2 + v^2)} = \frac{A^2}{2}(\alpha^2 + \beta^2).$$

Wir bezeichnen die mittlere Schwankungsgeschwindigkeit mit c und schreiben:

$$\frac{1}{2}\overline{(u^2 + v^2)} = \frac{1}{2}c^2 = \frac{A^2}{2}(\alpha^2 + \beta^2),$$

und indem wir A durch c ersetzen:

$$\overline{uv} = -\frac{c^2}{2}\frac{\alpha\beta}{\alpha^2 + \beta^2},$$
$$\overline{\left(\frac{\partial u}{\partial y} - \frac{\partial v}{\partial x}\right)^2} = \frac{c^2}{2}(\alpha^2 + \beta^2).$$

Es wäre an und für sich notwendig, auch die Größe des Schwankungsquadraten c^2 zu variieren und dessen wahrscheinlichste Verteilung zu suchen, doch ist das wesentliche die Verteilung der örtlichen Periodizitäten α und β. Wir nehmen daher für c einen festen Mittelwert an und beschränken uns auf die Berechnung der Wahrscheinlichkeit für ein

Wertepaar α, β. Wir wenden den von der kinetischen Gastheorie her wohlbekannten Gedankengang an:

Die Häufigkeit eines Zustandes zwischen α und $\alpha + d\alpha$, β und $\beta + d\beta$, sei $f(\alpha, \beta)$. Die logarithmische Wahrscheinlichkeit einer Verteilungsfunktion $f(\alpha, \beta)$ ist:

$$S = \int_0^\infty \int_0^\infty f \log f \, d\alpha \, d\beta.$$

Als Nebenbedingung haben wir die Dissipationsbedingung, welche wir in folgender Weise benutzen wollen:

Die Arbeit, welche an der Längeneinheit der bewegten Wand geleistet werden muß, ist offenbar:

$$\tau U = -\varrho \,\overline{uv}\, U + \mu U \left(\frac{du_0}{dy}\right)_{y=0}.$$

Wir vernachlässigen das zweite Glied und nehmen an, daß der weitaus größte Teil der Energie in der Nebenbewegung verzehrt wird. Alsdann können wir angenähert schreiben:

$$-\varrho \,\overline{uv}\, U = \mu \overline{\left(\frac{\partial u}{\partial y} - \frac{\partial v}{\partial x}\right)^2} h,$$

wobei die Mittelwerte über den ganzen mittleren Bereich der Flüssigkeit genommen sind. Diese Nebenbedingung lautet in der statistischen Auffassung:

$$U\varrho \int_0^\infty \int_0^\infty f(\alpha, \beta) \frac{c^2}{2} \frac{\alpha\beta}{\alpha^2+\beta^2} d\alpha \, d\beta + \mu h \int_0^\infty \int_0^\infty f(\alpha, \beta) \frac{c^2}{2} (\alpha^2+\beta^2) d\alpha \, d\beta = 0,$$

oder:

$$\frac{c^2}{2} \int_0^\infty \int_0^\infty f(\alpha, \beta) \left\{ \frac{\alpha\beta}{\alpha^2+\beta^2} + \frac{\mu h}{U\varrho} (\alpha^2+\beta^2) \right\} d\alpha \, d\beta = 0.$$

Die Forderung, daß S ein Maximum sein muß, liefert zusammen mit der zuletzt abgeleiteten Nebenbedingung ($\Lambda =$ Lagrangescher Faktor):

$$\log f + 1 + \Lambda \left[\frac{\alpha\beta}{\alpha^2+\beta^2} + \frac{\mu h}{U\varrho}(\alpha^2+\beta^2) \right] = 0,$$

oder

$$f = C e^{-\Lambda \left[\frac{\alpha\beta}{\alpha^2+\beta^2} + \frac{\mu h}{U\varrho}(\alpha^2+\beta^2)\right]}.$$

Wir führen statt α und β die Veränderlichen:

$$\alpha^2 + \beta^2 = k^2, \quad \frac{\alpha}{\beta} = \mathrm{tg}\,\vartheta,$$

ein und erhalten:

$$f = C e^{-\Lambda \left(\sin\vartheta\cos\vartheta + \frac{\mu h}{U\varrho} k^2\right)}.$$

Der Lagrangesche Faktor wird bestimmt, indem wir die Lösung in die Nebenbedingung einsetzen, und das Integral entsprechend den neu eingeführten Veränderlichen k und ϑ transformieren:

$$\int_0^\infty \int_0^{2\pi} e^{-\Lambda\left(\sin\vartheta\cos\vartheta + \frac{\mu' h}{U\varrho} k^2\right)} \left[\sin\vartheta\cos\vartheta + \frac{\mu h}{U\varrho} k^2\right] k \, dk \, d\vartheta = 0,$$

oder:

$$\int_0^{2\pi} e^{-\Lambda\sin\vartheta\cos\vartheta} \sin\vartheta\cos\vartheta \, d\vartheta \int_0^\infty e^{-\frac{\Lambda\mu h}{U\varrho} k^2} k \, dk + \int_0^{2\pi} e^{-\Lambda\sin\vartheta\cos\vartheta} d\vartheta \int_0^\infty e^{-\frac{\Lambda\mu h}{U\varrho} k^2} \frac{\mu h}{U\varrho} k^3 \, dk = 0.$$

Führen wir die Bezeichnung $\dfrac{\Lambda \mu h}{U \varrho} k^2 = \xi$ ein, so erhalten wir:

$$\dfrac{\int_0^{2\pi} e^{-\Lambda \sin\vartheta \cos\vartheta} \Lambda \sin\vartheta \cos\vartheta\, d\vartheta}{\int_0^{2\pi} e^{-\Lambda \sin\vartheta \cos\vartheta}\, d\vartheta} = -\dfrac{\int_0^\infty e^{-\xi} \xi\, d\xi}{\int_0^\infty e^{-\xi}\, d\xi}.$$

Die beiden Integrale können durch Besselsche Funktionen der 0-ten und der 1-ten Ordnung ausgedrückt werden und lauten:

$$\int_0^{2\pi} e^{-\Lambda \sin\vartheta \cos\vartheta}\, d\vartheta = 2\pi J_0\left(\dfrac{i\Lambda}{2}\right),$$

$$\int_0^{2\pi} e^{\Lambda \sin\vartheta \cos\vartheta} \sin\vartheta \cos\vartheta\, d\vartheta = -2\pi \dfrac{dJ_0}{d\Lambda}\left(\dfrac{i\Lambda}{2}\right) = i\pi J_1\left(\dfrac{i\Lambda}{2}\right).$$

Die rechte Seite hat den Wert -1, so daß wir für Λ die Gleichung erhalten:

$$J_0\left(\dfrac{i\Lambda}{2}\right) + \dfrac{i\Lambda}{2} J_1\left(\dfrac{i\Lambda}{2}\right) = 0.$$

Der Zahlenwert für Λ lautet:

$$\Lambda = 3{,}22,$$

und daher die wahrscheinlichste Verteilungsfunktion

$$f(\alpha, \beta) = C e^{-3{,}22\left[\sin\vartheta \cos\vartheta + \frac{\mu h k^2}{U \varrho}\right]}.$$

Nun können wir alle Mittelwerte berechnen, welche uns interessieren, vor allem den Mittelwert der örtlichen Frequenz in der x-Richtung, d. h. die „Wellenlänge" der Störung. Wir berechnen den Mittelwert $\overline{\alpha^2}$ und erhalten mit $\alpha = k \sin\vartheta$:

$$\overline{\alpha^2} = \dfrac{\iint f \alpha^2\, d\alpha\, d\beta}{\iint f\, d\alpha\, d\beta} = \dfrac{\int_0^{2\pi} e^{-3{,}22 \sin\vartheta \cos\vartheta} \sin^2\vartheta\, d\vartheta \int_0^\infty k^3 e^{-3{,}22 \frac{\mu h}{U\varrho} k^2}\, dk}{\int_0^{2\pi} e^{-3{,}22 \sin\vartheta \cos\vartheta}\, d\vartheta \int_0^\infty k\, e^{-3{,}22 \frac{\mu h}{U\varrho} k^2}\, dk} = 0{,}155\, \dfrac{U\varrho}{\mu h}.$$

Die „Wellenlänge" λ beträgt im Mittel[1]:

$$\bar\lambda = \dfrac{2\pi}{\bar\alpha} = \text{ca. } 2{,}5 \sqrt{\dfrac{\mu h}{U \varrho}} = 2{,}5\, \dfrac{h}{\sqrt{R}}.$$

Als Anwendungen führen wir zwei Zahlenbeispiele an:

a) Wasserströmung zwischen zwei Wänden. Es sei $2h = 2$ cm; $\nu = 0{,}01$ cm²/sec. Alsdann ist die mittlere Wellenlänge der Schwankungen bei der Geschwindigkeit:

$U = 1$ m/sec	$\lambda = 2{,}5$ mm
5 m/sec	1 mm
10 m/sec	0{,}8 mm

---

[1] Wir setzen einfachheitshalber $\bar\alpha = \sqrt{\overline{\alpha^2}} = \dfrac{2\pi}{\bar\lambda}$, was natürlich nicht genau richtig ist; indessen lohnt sich kaum die genauere Auswertung des Zahlenkoeffizienten in Anbetracht des rohen Grades der Annäherung der ganzen Theorie.

b) **Bewegung des Windes über den Erdboden.** Unter der Annahme, daß in 100 m Höhe über dem Boden die Windgeschwindigkeit von 10 m/sec herrschen soll und daß die Verhältnisse mit denjenigen des halben Bereiches der oben betrachteten Strömung vergleichbar sind ($y = 0$: $U = 0$; $y = h$: $U = 10$ m/sec), finden wir im Mittel:

$$\bar{\lambda} = \text{ca. 3 cm}.$$

Um den Bewegungszustand näher zu charakterisieren, wollen wir die örtliche Frequenz in der x-Richtung α und den Winkel ϑ einführen, welcher gewissermaßen die „Schieflage" der Wirbel darstellt. In Abb. 2 stellt Linie (a) die Häufigkeit f einer Schieflage ϑ bei konstantem α dar (konstante Wellenlänge), während Linie (b) die Werte von $f(\vartheta) \sin \vartheta \cos \vartheta$ gibt. Man sieht, wie der Beitrag derjenigen Wirbel, welche negative Werte $\overline{uv}$ beitragen, überwiegt.

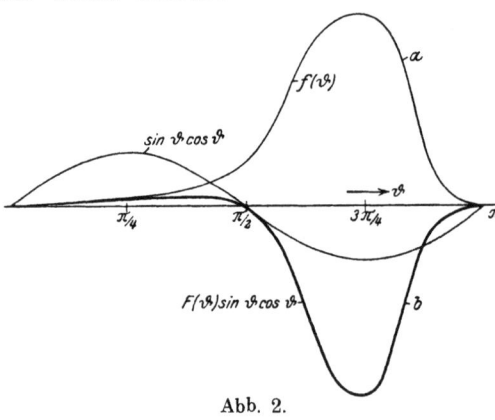

Abb. 2.

VIII.

Wie wir in der vorangehenden Nummer gesehen haben, bestimmt der Wahrscheinlichkeitsansatz wohl die räumliche Frequenz und Schieflage der Wirbel, läßt jedoch die Intensität (die mittlere Schwankungsenergie $\dfrac{c^2}{2}$) unbestimmt. Es ist aber auch physikalisch klar, daß diese und damit der eigentliche Energieverbrauch oder der Strömungswiderstand erst dann ermittelt werden kann, wenn wir die Vorgänge an der Wand heranziehen. Zu diesem Zweck müßten wir die Vorgänge an der Wand wirklich rechnerisch verfolgen, insbesondere die Bedingungen aufstellen, unter welchen die sog. Grenzschichtgleichungen periodische Lösungen zulassen. Indessen bereitet dies sehr große Schwierigkeiten, und so wollen wir uns mit einer rohen Annäherung begnügen. Wir nehmen einfachheitshalber an, daß die mittlere Strömungsgeschwindigkeit bis zur Wandnähe konstant (in unserem Beispiele gleich Null) bleibt, und dann in einem Bereiche von der Schichtdicke δ rasch bis zur Wandgeschwindigkeit U zunimmt. Wir nehmen — ebenfalls einfachheitshalber — linearen Anwachs für $u_0(y)$ an, d. h. dasselbe geknickte Geschwindigkeitsprofil, welches Lord Rayleigh und Prandtl behandelt haben. Mit diesen vereinfachten Annahmen können wir setzen:

$$\tau = \mu \frac{U}{\delta} = -\varrho \, (\overline{uv})_{y < h-\delta}.$$

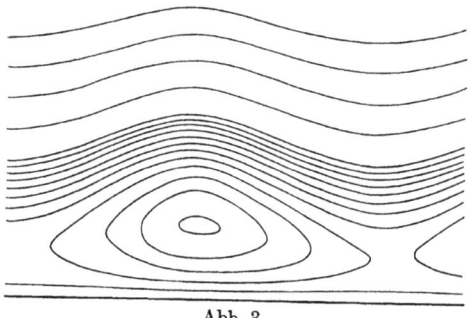

Abb. 3.

Nun haben Prandtl und Tietjens[1]) die auf das geknickte Profil sich ablagernden periodischen Störungen behandelt und insbesondere auch jene Wellenlänge bestimmt, bei welcher die Störung weder angefacht noch gedämpft wird. Das so entstehende Strömungsbild ist in Abb. 3 wiedergegeben. Führt man als dimensionslose Größen die Kennzahl der Grenzschicht $\dfrac{U \delta \varrho}{\mu} = \xi$ und das Verhältnis der Wellenlänge λ zur Grenzschichtdicke δ mit $\dfrac{\lambda}{\delta} = \eta$ ein, so liefern die Tietjensschen Rechnungen eine bestimmte Beziehung zwischen ξ und η.

---

[1]) Vgl. Fußnote 2, S.29.

Wir kombinieren diese Beziehung mit unserer Gleichung für die mittlere Wellenlänge im rein turbulenten Gebiet — welche wir in der Form

$$\frac{U \lambda^2 \varrho}{\mu h} = B$$

schreiben —, indem wir annehmen, daß die Grenzschichtdicke δ sich gerade so ausbildet, daß die Wellenlänge des stationären Grenzschichtwirbels gleich ist der mittleren Wellenlänge λ im freien Flüssigkeitsbereich.

Setzen wir z. B.:

$$\frac{U \delta \varrho}{\mu} = A \left(\frac{\lambda}{\delta}\right)^n$$

$A = $ Konstante), so ergeben sich zur Bestimmung von λ und δ die beiden Gleichungen:

$$\frac{U \delta^{n+1} \varrho}{\lambda^n \mu} = A,$$

$$\frac{U \lambda^2 \varrho}{\mu} = B.$$

Es ist insbesondere:

$$\delta = \mathrm{const}\, U^{-\frac{2+n}{2n+2}},$$

so daß wir erhalten:

$$\tau = \mu \frac{U}{\delta} = \mathrm{const}\, U^{\frac{3n+2}{2n+2}}.$$

Man erhält daher für:

$n = 0 \qquad \tau = \mathrm{const}\, U^2,$
$n = 1 \qquad \tau = \mathrm{const}\, U^{7/4},$
$n = \infty \qquad \tau = \mathrm{const}\, U^{3/2},$

d. h. denselben Bereich der möglichen Widerstandsgesetze, wie in der Burgersschen Arbeit.

Auf Grund der Tietjensschen Berechnung können wir indessen bestimmte Werte für den Strömungswiderstand erhalten. Wir schreiben:

$$\tau = \mu \frac{U}{\delta} = C \frac{\varrho U^2}{2}.$$

Es ist mithin der „Reibungskoeffizient" C:

$$C = \frac{2 \mu}{U \delta \varrho} = \frac{2}{\xi}.$$

Andererseits folgt aus $\dfrac{U \lambda^2 \varrho}{\mu h} = B$:

$$\frac{U^2 \delta^2 \varrho^2}{\mu^2} \frac{\lambda^2}{\delta^2} \frac{\mu}{U \varrho h} = B,$$

oder:

$$\xi^2 \eta^2 \frac{1}{R} = B, \qquad R = \frac{\xi^2 \eta^2}{B}.$$

Wir erhalten somit den Widerstandskoeffizienten C in Abhängigkeit von der Kennzahl, sobald wir die Beziehung zwischen ξ und η kennen.

In Abb. 4 sind die auf Grund der Tietjensschen Arbeit gerechneten Werte von C in logarithmischem Maßstab in Abhängigkeit von R eingetragen[1]). In der Abbildung sind

---

[1]) Die Kreuze entsprechen der Annahme, daß die mittlere Wellenlänge im rein turbulenten Bereich gleich ist der Wellenlänge jenes Grenzschichtwirbels, welcher weder angefacht noch gedämpft wird. Die mit Kreisen bezeichneten Werte sind unter der Annahme gerechnet, daß die mittlere Wirbellänge mit jenem Grenzschichtwirbel übereinstimmt.

40 Prof. Dr. Th. v. Kármán: Über die Stabilität der Laminarströmung und die Theorie der Turbulenz.

außerdem die Linien für die Burgersschen Abschätzungen und die (nach der Blasiusschen Formel gerechneten) empirischen Werte eingetragen. Man sieht, daß die Abhängigkeit der Größe C von der Kennzahl noch nicht ganz richtig wiedergegeben wird, indessen gelingt es zum ersten Male, auf Grund rein rationeller Überlegungen der Größenordnung nach richtige Werte für den turbulenten Strömungswiderstand zu erhalten.

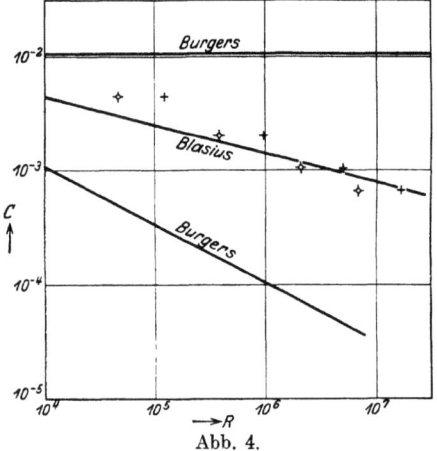

Abb. 4.

Den physikalischen Gedanken, welcher der Berechnung innewohnt, kann man etwa folgendermaßen zusammenfassen:

Statistisches Gleichgewicht kann nur bestehen, wenn es stabil ist, d. h. jede Abweichung rückgängig gemacht wird. Nehmen wir in der Tat an, daß die Schwankungen im Innern der Flüssigkeit aus irgendeinem Grunde zunehmen, so wird $\tau = -\varrho\,\overline{uv}$ und damit $\mu\dfrac{U}{\delta}$ größer, d. h. δ kleiner; die Grenzschicht wird dünner, der Abfall an der Wand schärfer. Damit nimmt indessen die Wellenlänge des Grenzschichtwirbels ebenfalls ab, die räumliche Frequenz der Schwankungen nimmt zu. Dies hat wiederum eine schärfere Dissipation zur Folge, so daß die Schwankungen stärker gedämpft werden und das Gleichgewicht wiederhergestellt wird.

Die eigentliche Lücke der Theorie besteht darin, daß wir über die Geschwindigkeitsverteilung nichts erfahren. Hierzu sind die Annahmen, insbesondere die summarische Behandlung des ganzen „Turbulenzgebietes", doch zu grob. Es müßte die Verteilungsfunktion der Schwankungen als Funktion von y, d. h. als von Schicht zu Schicht veränderlich betrachtet und berechnet werden. So halte ich es für möglich, daß man auf dem hier angegebenen Wege durch schärfere Fassung zum vollen Verständnis der Vorgänge gelangen kann.

Über einige Anwendungen nomographischer Methoden in der Thermodynamik.

Von Dr.-Ing. **Bruno Eck** und Dipl.-Ing. **Erich Kayser**.

Bei vielen Gesetzmäßigkeiten der Thermodynamik stehen die einzelnen Parameter in Beziehungen, die sich teils durch multiplikative Zusammensetzung ergeben, oder wo die Parameter als Exponenten irgendwelcher Funktionen auftreten. Besonders letztere sind für numerische Rechnungen unbequem und lassen bei häufigerem Gebrauche ein nomographisches Verfahren rechtfertigen. Selbst einfache Beziehungen wie die sog. Zustandsgleichung $p \cdot v = RT$, die an und für sich numerisch sehr einfach zu behandeln ist, lassen in einzelnen Fällen eine bequeme Nomographie angebracht erscheinen, sei es, daß diese Rechnung öfters auszuführen ist oder der besseren Übersicht halber ein graphisches Verfahren gewünscht wird.

Die angedeuteten Beziehungen lassen sich nämlich, wie bekannt, leicht logarithmisch behandeln, weil dann die Abhängigkeiten linear werden, z. B. die Gleichung der Isothermen $p \cdot v = C_1$ erhält durch Logarithmieren die Gestalt $\log p + \log v = \log C_1$; wählt man also $\log p$ und $\log v$ als Koordinaten, so sind die Isothermen unter 45^0 geneigte Geraden, wie bereits bekannt ist. Die Adiabate $p \cdot v^\varkappa = C_2$ würde $\log p + \varkappa \log v = \log C_2$ ergeben. Diese Geraden haben dann den Richtungstangenten $\dfrac{1}{\varkappa}$ bzw. $\varkappa$, und jedem Wert von $\varkappa$ ist eine Schar paralleler Geraden zugeordnet.

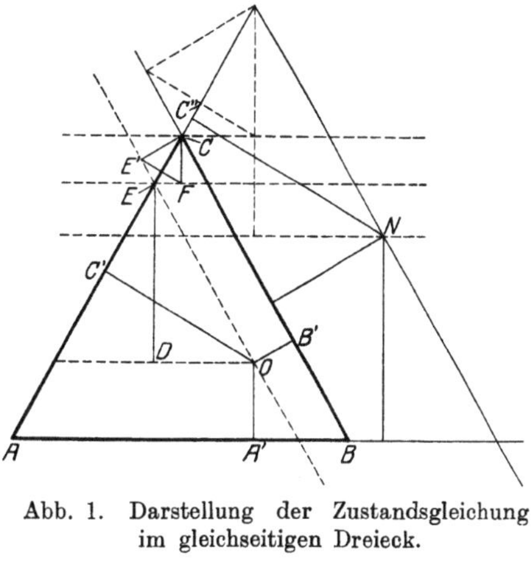

An erster Stelle soll hier ein Verfahren angegeben werden zur Darstellung der Hauptzustandsgleichung von idealen Gasen $pv = RT$, in dem die einzelnen Zustandsänderungen bequem verfolgt werden können. Graphisch ließe sich diese Beziehung durch eine Schar räumlicher

Abb. 1. Darstellung der Zustandsgleichung im gleichseitigen Dreieck.

Flächen darstellen; wie man auch $p \cdot v = $ const durch eine Schar von Hyperbeln darstellen könnte. Durch Logarithmieren $\log p + \log v - \log T = \log R$ erhält man jedoch eine lineare Abhängigkeit und kann die räumlichen Flächen durch Ebenen ersetzen.

Eine solche räumliche Darstellung ist jedoch praktisch undurchführbar. Man kann aber dafür auch eine ebene Nomographie angeben, indem man eine bekannte Eigenschaft des gleichseitigen Dreiecks benutzt. Fällt man nämlich von einem Punkt D eines gleichseitigen Dreiecks Lote auf die Seiten Abb. 1, so ist die Summe der drei Lote unabhängig, für jeden Punkt konstant und gleich der Höhe des Dreiecks; denn $C'O = ED$ und $CE' = CF = OB'$ d. h. $OA' + OB' + OC' = OA' + ED + CF = $ Dreieckshöhe, weil $\triangle CEE' = CFE$. Liegt der Punkt außerhalb des Dreiecks, so muß man, wie die Hilfslinien andeuten, beim Beweis dieses Satzes berücksichtigen, daß das Lot, das nach dem Innern des Dreiecks hinweist, negativ zu nehmen ist.

Die Gleichung $\log p + \log v - \log T = \log R$ kann man nun in Dreieck-Koordinaten darstellen, wenn $\log p$, $\log v$ und $-\log T$ die Lote eines gleichseitigen Dreiecks von der Höhe $\log R$ sind. Man braucht also nur zu den Dreieckseiten in geeigneten Abständen Parallelen zu ziehen, die nach $p_1, p_2, p_3 \ldots$, $v_1, v_2, v_3 \ldots$ und $T_1, T_2 \ldots$ geteilt sind, und kann aus einem solchen Diagramm p, v oder T sofort ablesen, wenn v und T, p und T oder p und v bekannt sind.

Da R nur für das bestimmte Gas konstant ist, gilt eine solche Darstellung nur für Gase mit gleichen Konstanten. Für jedes andere Gas müßte man andere Tafeln entwerfen.

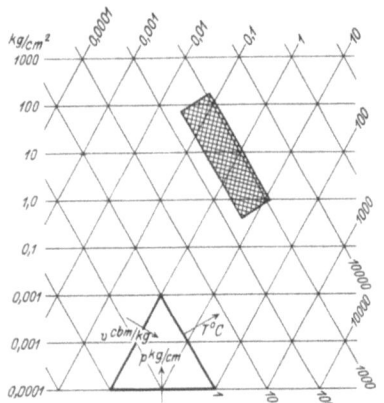

Abb. 2. Entwurf des Normalblattes für $R = 100$.

Man kann indes mit einem Normalblatt auskommen, das für alle Gaskonstanten verwendbar ist. Zu diesem Zweck entwirft man eine Tafel mit der Gaskonstanten 100. In einer solchen Tafel kann man dann v und T sofort ablesen, während man p erhält, indem man die abgelesenen Werte mit $\dfrac{R}{100}$ (bei Luft also 0,293) multipliziert.

$$p'v = 100 \cdot T \qquad p = \dfrac{R}{100} p'.$$
$$pv = RT$$

Eine solche Tafel, Abb. 5, enthält also drei Scharen von Geraden, die unter 60° geneigt sind und den Änderungen bei konstantem Druck, bei konstantem Volumen und bei konstanter Temperatur entsprechen. Außerdem sind die polytropen Zustandsänderungen nach Polytropen eingezeichnet, die sich ebenfalls als Gerade darstellen lassen.

Aus $p \cdot v^n = C$ folgt $\log p + n \cdot \log v = \log C$. Eliminiert man in $\log p + \log v - \log T = \log R$ das Glied $\log v$ durch $\log v = \dfrac{\log C - \log p}{n}$, so erhält man:

$$\log p + \dfrac{\log C - \log p}{n} - \log T = \log R$$

$$\left(1 - \dfrac{1}{n}\right) \log p - \log T = \log R - \dfrac{\log C}{n}.$$

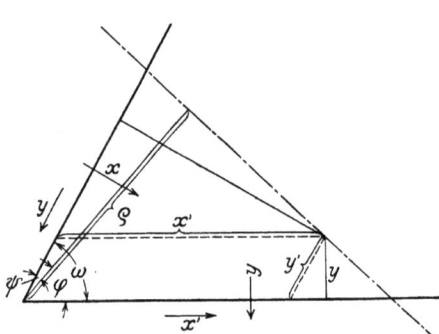

Abb. 3. Gleichung einer Geraden in schiefwinkligen Koordinaten.

Schreibt man für $\log p = x$ und $\log T = y$, so hat die letzte Gleichung die Gestalt $Ax + By = C'$. Dies ist die Gleichung einer Geraden in einem Koordinatensystem, dessen Achsen unter 60° stehen, Abb. 3. Die Koordinaten sind hier allerdings senkrecht zu den Achsen zu messen.

Eine bequeme Normalform für eine Gerade G gewinnt man durch Einführung des Lotes ϱ, sowie der Winkel φ und ψ, die ϱ mit den Achsen bildet.

Führt man zuerst die Ordinaten x', y' ein, so lautet die Gleichung der Geraden mit dem Lot ϱ, da $y' = \dfrac{y}{\sin \omega}$ und $x' = \dfrac{x}{\sin \omega}$,

$$x' \cos \varphi + y' \cos \psi = \varrho,$$
$$x \cos \varphi + y \cos \psi = \varrho \sin \omega.$$

Durch Vergleich mit der obigen Gleichung findet man

$$1 - \dfrac{1}{n} = D \cos \varphi; \qquad 1 = D \cos \psi; \qquad \left(1 - \dfrac{1}{n}\right) = \dfrac{\cos \varphi}{\cos \psi}.$$

Dies ist eine Bestimmungsgleichung für $\cos \varphi$, wofür man nach einigen Umrechnungen und unter Berücksichtigung von $\omega = 60°$ erhält:

$$\cos \varphi = \frac{\sin \omega \left(1 - \frac{1}{n}\right)}{\sqrt{\left(1 - \frac{1}{n}\right)^2 + 1 - \left(1 - \frac{1}{n}\right)}} = \frac{0{,}86603\,(n-1)}{\sqrt{n(n-1)+1}}.$$

Es läßt sich somit für jeden Wert von n ein Winkel φ berechnen und eine entsprechende Gerade einzeichnen.

Entsprechend der noch verfügbaren Konstanten C sind zu jeder derartigen Geraden unendlich viele Parallelen zu ziehen; um jedoch die Übersicht der ganzen Tafel nicht zu beeinträchtigen, kann man diese Parallelen weglassen, weil man sie z. B. mit zwei Dreiecken leicht ziehen kann. Die Richtungen dieser Geraden werden in der wirklichen Tafel durch Strahlenbüschel für $n = 1$ bis $n = 1{,}8$ angegeben. (S. Abb. 5.)

Soll z. B. von irgendeinem Punkt $p'\,T'$ eine Polytrope ($n = 1{,}31$) gezogen werden, so entnimmt man die Richtung der Geraden 1,31 aus dem Strahlenbündel und legt durch den Punkt $p'\,T'$ eine Parallele. Man könnte auch ein um einen Punkt der Tafel drehbares durchsichtiges Blatt verwenden, worauf eine Schar von Parallelen aufgezeichnet ist und dessen Richtung nach einer Teilung festgesetzt wird. Das Verfahren dürfte aber nur in wenigen Fällen zweckmäßig sein.

Außer der Hauptzustandsgleichung ist auch die Arbeitsgleichung logarithmischer Behandlung zugänglich. Die bei Kompression (Expansion) aufgenommene (abgegebene) Arbeit ist unter Zugrundelegung einer Polytrope:

$$L' = \frac{p_1 v_1}{n-1}\left[1 - \left(\frac{v_1}{v_2}\right)^{n-1}\right],$$

$$L' = \frac{n}{n-1} G \cdot R\,[T_1 - T_2].$$

Bezieht man die Arbeit auf 1 kg Gas, so erhält man

$$L = \frac{n}{n-1} R\,(T_1 - T_2) = L_1 - L_2.$$

Das ist wieder eine Beziehung zwischen drei Unbekannten L, n und T. Durch Logarithmieren erhält man $\log L_1 - \log \frac{n}{n-1} - \log T = \log R$, eine Beziehung, die man durch Dreieckkoordinaten darstellen kann, wenn man $\log R$ als Höhe des Dreiecks einführt. Auch hier empfiehlt es sich, als Konstante $R = 100$ einzusetzen. Man kann dann n und T in der wahren Größe, für L dagegen $L' = \frac{100\,L}{R}$ ablesen, s. Abb. 4.

Ausführung der Tafeln.

Zeichnet man, ausgehend vom Grunddreieck mit der Höhe $\log R$, die Lote $\log p$, $\log v$, $\log T$ auf, Abb. 2, so sieht man, daß das für die Technik in Frage kommende Gebiet ganz außerhalb des Ausgangsdreiecks liegt. Die Begrenzungen für die Anwendung in der Praxis sind Temperaturen zwischen $-50°$ und $+850°$ und Drücke von 1 v.H. Luftleere bis zu 100 kg/cm². Diesen Bereich kann man wegen des unbequemen Formats in zwei Hälften übereinander anordnen, wovon die oberen Drücke von 100 bis 0 kg/cm², die unteren Brücke von 1 bis 0,01 kg/cm² enthält. Bei der Ausrechnung der Wirklichen Tafel wurden Briggsche Logarithmen verwendet und als Höhe des Dreiecks von 17,94 cm zugrunde gelegt.

Auch bei der Arbeitstafel liegt der brauchbare Bereich außerhalb des Grunddreiecks, s. Abb. 4. Die Grenzen sind durch $n = 1,02$ bis 1,8 festgelegt. Unter 1,02 zu gehen, hat wenig Zweck, da $n = 1,0$ im Unendlichen liegt. Die andre Begrenzung geben wieder die Temperaturen von -50^0 bis 850^0 C. Als Höhe des Dreiecks wurden 19,2 cm angenommen.

Beispiel. Für Luft mit der Gaskonstanten $R = 29,3$ seien gegeben:

a) $v = 2,3$ m³/kg und $p = 1,7$ kg/cm². Der Schnittpunkt der beiden Geraden, Abb. 6, liegt bei $t' = 116$, also $T' = 389^0$ C und

$$T = \frac{T'}{0,293} = 1330; \quad t = 1057^0 \text{ C}.$$

b) $v = 0,9$ m³/kg und $t = 20^0$ C; man liest ab $p = 3,3$ und berechnet $p = 0,293$, $p' = 0,97$ kg/cm².

c) $p = 1,1$ kg/cm² und $t = 40^0$ C; es ergibt sich:
$$v' = 2,85 \text{ m}^3/\text{kg} \quad \text{und}$$
$$v' = 0,293; \quad v' = 0,835 \text{ m}^3/\text{kg}.$$

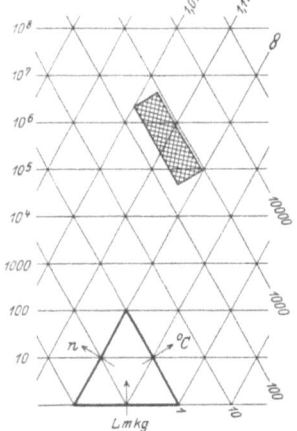

Abb. 4. Entwurf der Arbeitstafel.

Will man das theoretische pv-Diagramm aufzeichnen, so muß man die einzelnen Punkte aus $p \cdot v = C_1$ oder $p \cdot v^n = C_2$ berechnen, je nachdem isothermische oder polytropische Zustandsänderung vorliegt. Für die Isotherme liest man pv an den Schnittpunkten mit der Geraden $i = \text{const}$ ab; für die Polytrope sucht man in dem Strahlenbüschel den dem Wert n entsprechenden Strahl auf und zieht durch den Anfangspunkt eine Parallele. Die Schnittpunkte mit dieser Geraden sind dann die gesuchten Werte von pv.

Um die während einer Zustandsänderung abgegebene oder aufgenommene Wärme zu erhalten, muß man den Verlauf von n kennen. Zu diesem Zweck überträgt man, etwa auf durchsichtigem Papier, den Druckverlauf aus dem Indikatordiagramm in Abb. 5 und bestimmt von Punkt zu Punkt die Steigungen der Kurve, die man mit dem Strahlenbüschel von n vergleicht.

Bei polytropischer Zustandsänderung $p \cdot v^n = C$ steigt oder fällt die Temperatur beständig. Ihren genauen Verlauf kann man aus Abb. 5 bequem ablesen. Man zieht durch den Anfangspunkt eine Gerade in der n zugehörigen Richtung. Die Schnittpunkte von T mit dieser Geraden ergeben die gewünschten Temperaturen.

Bei Kompressoren oder Verbrennungsmaschinen wird oft der Enddruck der Kompression oder Expansion gesucht, wenn das Verdichtungsverhältnis bekannt ist. Je nachdem man aus Versuchen oder bekannten Anhaltspunkten die Abkühlung oder Erwärmungsverhältnisse während der Zustandsänderung kennt, ist $n \gtreqless 1$. Um den Gegendruck zu erhalten, verfolgt man vom Anfangspunkt p_1, v_1 aus die Gerade $n = \text{const}$ bis zum Punkt v_2 und findet dort p_2.

Beispiel. Verdichtungsverhältnis $1:5$; $v_1 = 0,8$ m³/kg; $v_2 = \frac{v_1}{5} = 0.16$; $n = 1,2$; $p_1 = 1$ kg/cm². Man zieht vom Punkte $v_1 p_1$ einen Strahl $n = 1,2$ bis zu $v_2 = 0,16$ und findet dort $p_2 = 6,8$. In der wirklichen Tafel Abb. 5 geht man von $p = 10$ aus und findet $p = 68$. Der Anfangspunkt befindet sich nämlich nicht auf der Tafel, was aber ohne Belang ist, da sich in sämtlichen Dreiecken alle p- und v-Linien wiederholen und nur immer um eine Dezimale verschoben sind. Überhaupt wird es bei einiger Übung möglich sein, mit einem Dreieck auszukommen, wenn man auf die Stellenzahl achtet.

In der Praxis muß man oft die thermodynamische mögliche Arbeit bestimmen, die ein Gas bei gegebenem Verdichtungsverhältnis und Heizung oder Kühlung abgeben oder aufnehmen kann. Bei isothermischer Zustandsänderung, dem günstigsten Fall, ist die von 1 kg Gas geleistete Arbeit

$$L = p_1 v_1 \ln \frac{p_2}{p_1} = 0,1293 \, p_1 v_1 \log \frac{p_2}{p_1},$$

wenn man Briggsche Logarithmen und den der Tafel Abb. 5 zugrunde liegenden Maßstab berücksichtigt. $\log \frac{p_2}{p_1} = \log p_2 - \log p_1$ ist der Abstand der beiden p-Linien in cm, und leicht zu ermitteln.

Aus der Tafel kann man auch das Produkt $p_1 v_1$ ablesen. Geht man von diesem Punkte auf $T = $ const weiter bis zu einem Punkte, wo p oder v eine Potenz von 10 ist, so liest man sofort das Produkt ab gemäß $p_1 v_1 = p_{v=1} 1$. Allerdings kann man diese Rechnung zumeist ebenso bequem mit dem Rechenschieber ausführen.

Beispiel. Ein Kompressor habe ein Verdichtungsverhältnis 1:4, so daß dem Ansaugdruck bei isothermer Zustandsänderung von 0,95 kg/cm² der Enddruck $4 \cdot 0{,}95 = 3{,}8$ kg/cm² entspricht. Das spezifische Volumen der angesaugten Luft sei 1 m³/kg. Aus Abb. 6 entnimmt man als Abstand der beiden p-Linien 10,8 cm. Die Arbeit pro 1 kg Luft ist dann

$$L = 0{,}1293 \cdot 9500 \cdot 108 = 13\,200 \text{ kg} \cdot \text{m}.$$

Die Arbeit bei polytroper Zustandsänderung entnimmt man aus Abb. 6:

$L = L_1 - L_2 = \frac{Rn}{n-1} T_1 - \frac{Rn}{n-1} T_2$. Sind T_1, T_2 und n bekannt, so liest man L und L' ab und berechnet $L = L' \cdot \frac{R}{100}$. Sind nicht die Temperaturen, sondern Anfangs- und Enddruck gegeben, so sucht man in Abb. 5 zuerst die zugehörigen Temperaturen auf und verfährt mit diesen Werten in Abb. 6 wie vorhin. In diesem Fall spart man das Umrechnen, da sich die Gaskonstante aus den Gleichungen heraushebt. Die Temperatur dient dann nur als Zwischenglied und ist nicht mit der wirklichen zu verwechseln.

Beispiel. Ein Kompressor habe bei $t = 10°$ Eintrittstemperatur eine Endtemperatur von $t = 150°$; n sei 1,4. In Abb. 7 ermittelt man bei $n = 1{,}4$ und $t = 10°$ $L_1 = 0{,}90 \cdot 10^5$, bei $n = 1{,}4$ und $t = 150$ hingegen $L = 1{,}48 \cdot 10^5$.

Hieraus findet man $L = 0{,}293 \cdot 10^5 \cdot (1{,}48 - 0{,}99) = 14\,327$ mkg für 1 kg Luft. Da Abb. 7 mit der Gaskonstanten $R = 100$ konstruiert ist, muß das Resultat, wie auch ausgeführt, mit 0,293 entsprechend der Gaskonstanten bei Luft verkleinert werden.

Ein Kompressor habe ein Verdichtungsverhältnit 1:3 bei $p = 1{,}0$ kg/cm²; $v = 0{,}86$ m³/kg; $n = 1{,}55$. Will man aus Abb. 5 die wirklichen Temperaturen erhalten, so muß man v_1 im umgekehrten Verhältnis zur Gaskonstante vergrößern, $v_1 = \frac{v_1}{0{,}293}$; $v_2 = \frac{v_1'}{3} = 0{,}98$ m³/kg; von p_1, v' ausgehend, verfolgt man $n = 1{,}55$ und findet bei $v_2 = 0{,}98$ den Druck $p_2 = 5{,}35$ und die Temperatur $t_2 = 225$; bei p_1, v_1' ist $t_1 = 20°$.

In Abb. 6 bestimmt man die Schnittpunkte $n = 1{,}55$ mit t_1 und t_2 und findet $L_1 = 0{,}83 \cdot 10$ und $L_2 = 1{,}49 \cdot 10$, hieraus

$$L = 0{,}293 \cdot 10 \cdot (1{,}49 - 0{,}83) = 19\,300 \text{ mkg}.$$

Will man nicht den Enddruck, sondern nur die Arbeit wissen, so kann man, wie oben angedeutet, p, v der wirklichen Größe nach einsetzen und die Temperaturen nur als Zwischenglieder benutzen. Man braucht dann L nicht umzurechnen.

Außer durch Expansion kann ein Gas noch Arbeit leisten, indem man die innere Energie in kinetische umsetzt (z. B. bei Dampfturbinen, Turbokompressoren usw.). Da es physikalisch gleich ist, ob ein Gas seine innere Energie durch Expansionsarbeit oder Beschleunigung seiner Teilchen verliert, so muß man aus der Arbeitstafel Abb. 6 auch in irgendeiner Form die Geschwindigkeiten ermitteln können.

Bezeichnet Q das Gasgewicht und H die Druckhöhe, so ist die Leistung $L' = Q \cdot H = Q \cdot \frac{c^2}{2g}$, wenn c die Geschwindigkeit bedeutet. Führt man, wie in Abb. 6, die Leistung für 1 kg Gasgewicht ein, so ist $L = H = \frac{c^2}{2g}$, d. h. die Tafel liefert unmittelbar die Geschwindigkeitshöhe, wie auch aus der genauen Rechnung folgt:

$$c = \sqrt{2g \frac{1}{A}(i_2 - i_1)} = \sqrt{2g \frac{n}{n-1} p_2 v_2 \left[1 - \left(\frac{p_1}{p_2}\right)^{\frac{n-1}{n}}\right]}$$

oder
$$\frac{c^2}{2g} = \frac{n}{n-1} R(T_2 - T_1) = R\frac{n}{n-1} T_2 - R\frac{n}{n-1} T_1 = \frac{c_2^2}{2g} - \frac{c_2^2}{2g}.$$

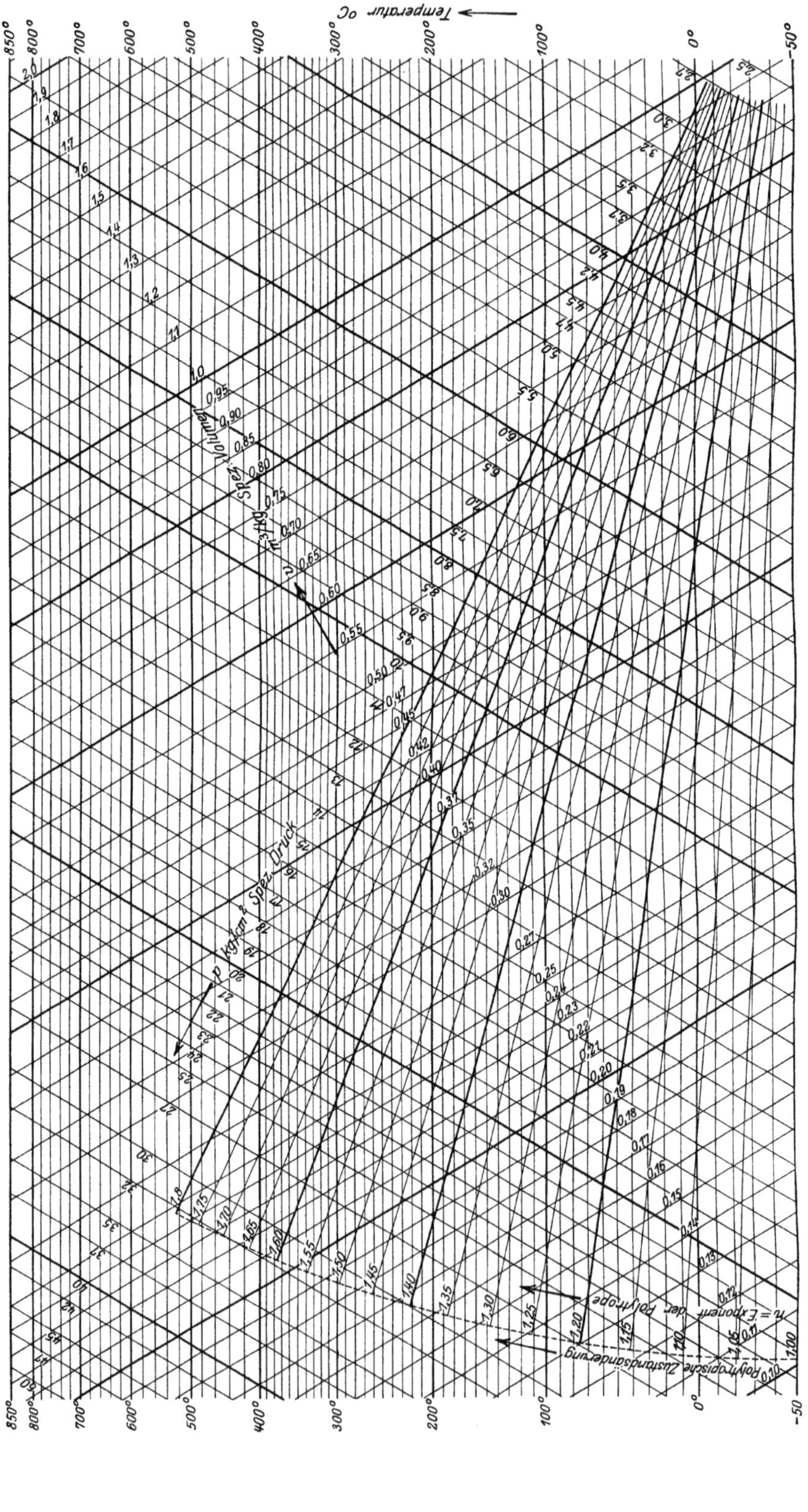

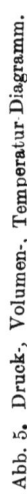

Abb. 5. Druck-, Volumen-, Temperatur-Diagramm.

Über einige Anwendungen nomographischer Methoden in der Thermodynamik. 47

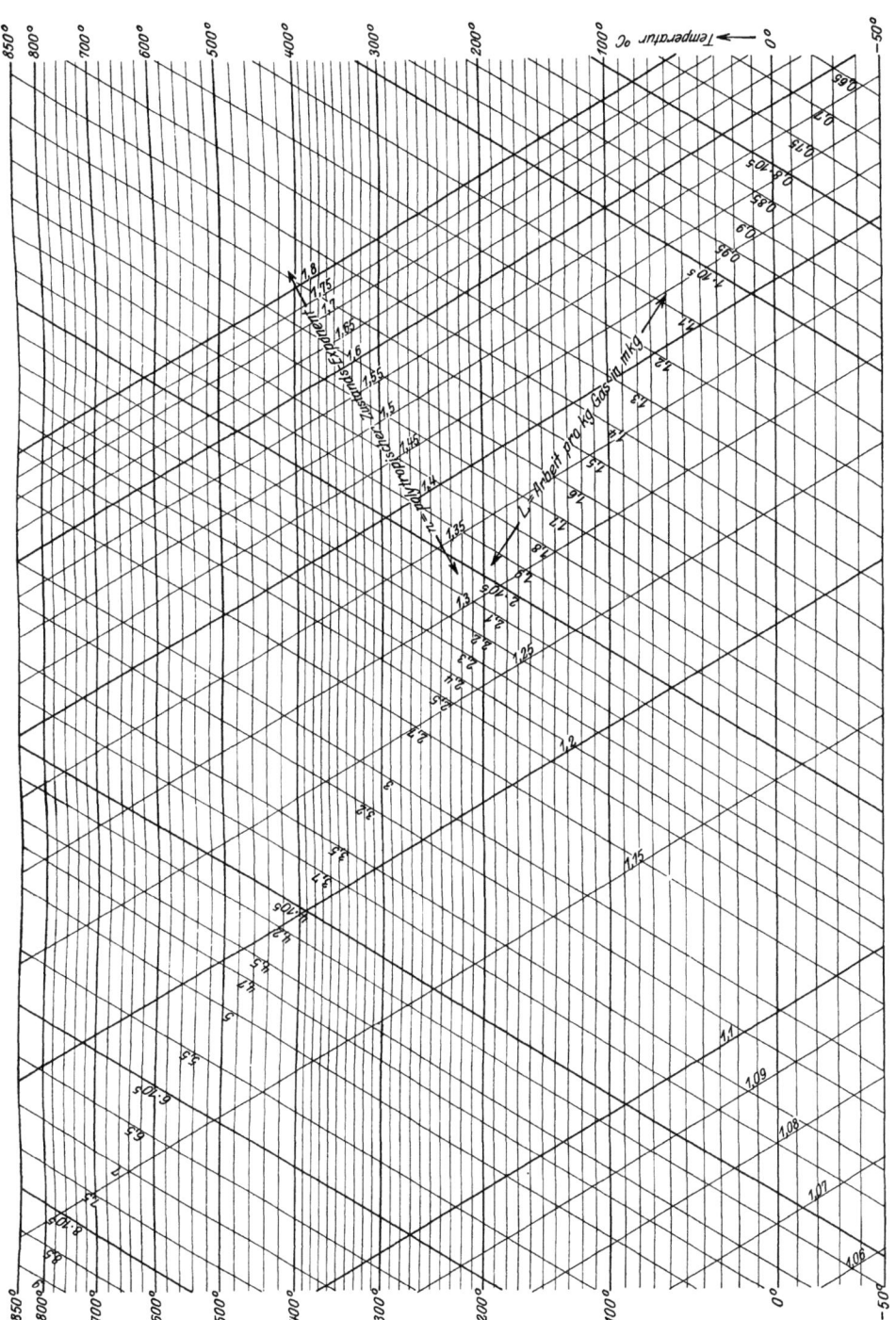

Abb. 6. Ermittlung der Arbeit für 1 kg Gas bei polytroper Zustandsänderung.

48 Dr.-Ing. Bruno Eck und Dipl.-Ing. Erich Kayser: Über einige Anwendungen nomographischer Methoden.

Die Geschwindigkeitshöhe ergibt sich also als Unterschied zweier Geschwindigkeitshöhen, die der Expansion von dem jeweiligen Druck in absolute Luftleere entsprechen. Sind nicht die Temperaturen, sondern die Drücke gegeben, so verfährt man wie oben bei Kompressoren. Da es sich hier meist um sehr schnelle Vorgänge handelt, ist für n der Wert der Adiabaten einzusetzen.

Beispiel. Die Stufe einer Dampfturbine habe ein Druckverhältnis von $\dfrac{p_1}{p_2} = \dfrac{6}{4,5}$ und verarbeite überhitzten Dampf von $t = 175$ bei $p = 6$ kg/cm². Die Gaskonstante ist $R = 47,1$. Um in Abb. 6 zu den wahren Temperaturen zu kommen, berechnet man mit $\dfrac{100}{R} = \dfrac{1}{0,421}$

$$p_1' = 12,7 \text{ kg/cm}^2; \qquad p_2 = 9,56 \text{ kg/cm}^2.$$

In Abb. 6 legt man durch p_1, t_1 eine Gerade, z. B. $n = 1,4$ und findet bei $p_2' = 9,56$, $t_2 = 142°$. Abb. 7 ergibt dann bei $n\,t_1$ und $n\,t_2$ die Werte

$$\dfrac{c_1{}^2}{2g} = 1{,}575 \cdot 10^5;\ \dfrac{c^2}{2g} = 1{,}462 \cdot 10^5, \text{ woraus } \dfrac{c^2}{2g} = 0{,}471 \cdot 10^5 (1{,}575 - 1{,}462) = 5320 \text{ m}.$$

Um aus $\dfrac{c^2}{2g}$ ermitteln zu können, benutzt man zweckmäßig nach Abb. 7 eine Parabel, die im vorliegenden Fall $c = 316$ m/sec ergibt.

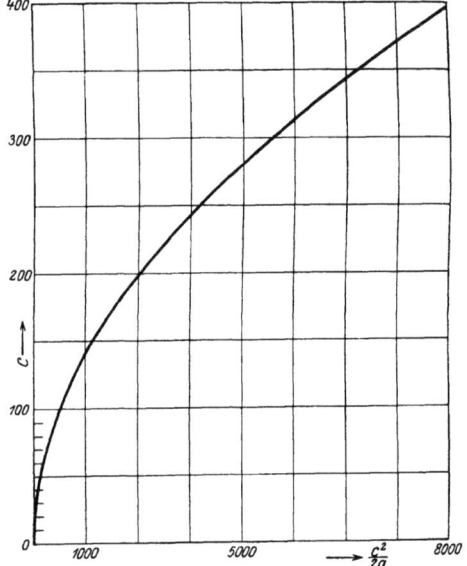

Abb. 7. Ermittlung der Geschwindigkeiten.

Verlag von Julius Springer in Berlin W 9

Abhandlungen aus dem Aerodynamischen Institut
an der Technischen Hochschule Aachen
Herausgegeben von
Professor Dr. Th. von Kármán
5. Heft:
Theorie des Segelfluges
von
Dr.-Ing. W. Klemperer

Mit 14 Abbildungen

Erscheint im Herbst 1925.

Die Abhandlungen des Aerodynamischen Institutes sind bis zum 3. Heft in verschiedenen Zeitschriften erschienen und von dem Aerodynamischen Institut auch in Heftform veröffentlicht.

Vorträge aus dem Gebiete der Hydro- und Aerodynamik (Innsbruck 1922)
Gehalten von A. G. von Baumhauer-Amsterdam, V. Bjerknes-Bergen, J. M. Burgers-Delft, B. Caldonazzo-Mailand, U. Cisotti-Mailand, V. W. Ekman-Lund, W. Heisenberg-München, L. Hopf-Aachen, Th. von Kármán-Aachen, G. Kempf-Hamburg, T. Levi-Civita-Rom, C. W. Oseen-Upsala, N. Panetti-Turin, E. Pistolesi-Rom, L. Prandtl-Göttingen, D. Thoma-München, J. Th. Thysse-Haag, E. Trefftz-Dresden, R. Verduzio-Rom, C. Wieselsberger-Göttingen, E. Witoszynski-Warschau. G. Zerkowitz-München. Herausgeben von **Th. v. Kármán**, Professor am Aerodyn. Institut der Techn. Hochschule, Aachen und **T. Levi-Civita**, Professor an der Universität Rom. Mit 98 Abbildungen im Text. (251 S.) 1924. 13 Goldmark; gebunden 14 Goldmark

Fragen der klassischen und relativistischen Mechanik.
Vier Vorträge, gehalten in Spanien im Januar 1921 von **T. Levi-Civita**, Professor in Rom. Autorisierte Übersetzung. Mit 13 Textfiguren. (116 S.) 1924. 5.40 Goldmark

Strömungsenergie und mechanische Arbeit.
Beiträge zur abstrakten Dynamik und ihre Anwendung auf Schiffpropeller, schnellaufende Pumpen und Turbinen, Schiffswiderstand, Schiffssegel, Windturbinen, Trag- und Schlagflügel und Luftwiderstand von Geschossen. Von **Paul Wagner**, Oberingenieur, Berlin. Mit 151 Textfiguren. (263 S.) 1914. Gebunden 10 Goldmark

Energie-Umwandlungen in Flüssigkeiten.
Von **Dónát Bánki**, Maschineningenieur, o. ö. Professor an der Technischen Hochschule, Mitglied der Akademie der Wissenschaften zu Budapest. **Erster Band: Einleitung in die Konstruktionslehre der Wasserkraftmaschinen, Kompressoren, Dampfturbinen und Aeroplane.** Mit 591 Textabbildungen und 9 Tafeln. (520 S.) 1921.
Gebunden 20 Goldmark

Theoretische Mechanik.
Eine einleitende Abhandlung über die Prinzipien der Mechanik. Mit erläuternden Beispielen und zahlreichen Übungsaufgaben. Von **A. E. H. Love**, ordentlicher Professor der Naturwissenschaft an der Universität Oxford. Autorisierte deutsche Übersetzung der zweiten Auflage von Dr.-Ing. **Hans Polster**. Mit 88 Textfiguren. (438 S.) 1920. 12 Goldmark; gebunden 14 Goldmark

Autenrieth-Ensslin, Technische Mechanik.
Ein Lehrbuch der Statik und Dynamik für Ingenieure. Neu bearbeitet von Dr.-Ing. **Max Ensslin**, Eßlingen. Dritte, verbesserte Auflage. Mit 295 Textabbildungen. (580 S.) 1922. Gebunden 15 Goldmark

Lehrbuch der Technischen Mechanik
für Ingenieure und Studierende. Zum Gebrauche bei Vorlesungen an Technischen Hochschulen und zum Selbststudium. Von Prof. Dr.-Ing. **Theodor Pöschl**, Prag. Mit 206 Abbildungen. (269 S.) 1923. 6 Goldmark; gebunden 7.25 Goldmark

Technische Thermodynamik
von Professor Dipl.-Ing. **W. Schüle**.
Erster Band: Die für den Maschinenbau wichtigsten Lehren nebst technischen Anwendungen. Vierte, neubearbeitete Auflage. Mit 225 Textfiguren und 7 Tafeln. (569 S.) 1921. Berichtigter Neudruck. 1923. Gebunden 18 Goldmark
Zweiter Band: Höhere Thermodynamik mit Einschluß der chemischen Zustandsänderungen nebst ausgewählten Abschnitten aus dem Gebiet der technischen Anwendungen. Vierte, erweiterte Auflage. Mit 228 Textfiguren und 5 Tafeln. (527 S.) 1923. Gebunden 18 Goldmark

If you have any concerns about our products,
you can contact us on
ProductSafety@springernature.com

In case Publisher is established outside the EU,
the EU authorized representative is:
**Springer Nature Customer Service Center GmbH
Europaplatz 3, 69115 Heidelberg, Germany**

Printed by Libri Plureos GmbH
in Hamburg, Germany